スマホで
フル活用!

Google

グーグル

サービス
完全マニュアル

スマホ対応版 iPhone & Android

桑名由美【著】

秀和システム

■本書の編集にあたり、下記のソフトウェアを使用しました

・iOS 17.4
・Android 13
・Windows 11

上記以外のバージョンやエディション、OS をお使いの場合、画面のバーやボタンなどのイメージが本書の画面イメージと異なることがあります。

■注意

本書の使い方

このSECTIONの機能について「こんな時に役立つ」といった活用のヒントや、知っておくと操作しやすくなるポイントを紹介しています。

このSECTIONの目的です。

このSECTIONでポイントになる機能や操作などの用語です。

用語の意味やサービス内容の説明をしたり、操作時の注意などを説明しています。

操作の方法を、ステップバイステップで図解しています。

! Check：操作する際に知っておきたいことや注意点などを補足しています。

🔖 Hint： より活用するための方法や、知っておくと便利な使い方を解説しています。

📑 Note： 用語説明など、より理解を深めるための説明です。

はじめに

　「Google」と聞くと、多くの人が検索エンジンを思い浮かべるでしょう。しかし、それだけではありません。検索エンジン以外にもさまざまなサービスを提供しており、ビジネスやプライベートの場で広く活用されています。たとえば、次のような場面で役立ちます。

・出張先で道に迷い、現在地がわからなくなったとき
・休暇中に急ぎのメールが来て返信が必要になったとき
・文書を編集したいが、Office ソフトが手元にないとき
・外出先で急遽打ち合わせが必要になったとき
・自社サイトに掲載する記事を書きたいが思いつかないとき

　これらすべては、Googleのサービスだけで解決できます。しかも誰でも無料で利用できるのです。パソコンがない場合でも、普段使っているスマホで、電車の中、カフェ、公園など、どこにいても利用可能です。また、スマホとパソコンのどちらからでも同じデータにアクセスできるため、パソコンで作成した文書をスマホで修正したり、スマホでメールを途中まで入力し、後からパソコンで送信したりということができます。

　本書は、Googleサービスの解説書です。それぞれのサービスに対して章を設け、各機能が習得しやすいようにしています。また、最近話題のGoogleの生成AI「Gemini」についても紹介しているので、メールや報告書の作成、情報検索に利用すれば、仕事の効率が格段に向上するでしょう。いつも持ち歩いているスマホで活用してもらうために、スマホの画面で解説しています。

　これまでGmailやGoogleマップなど、一部のサービスしか利用していなかった方も多いでしょうが、この機会に他のサービスも試してみてください。新たな便利ツールが見つかるかもしれません。

　本書が皆さまのビジネスやプライベートの一助となることを心から願っています。

2024年6月

桑名 由美

「Gmail」なら、会社と自宅など複数の端末でメールをやり取りできる。無料で使えて、大容量のメールを保存できる。会社やプロバイダーのアドレスを集約することも可能

Googleの生成AIサービス「Gemini」。プロンプトと言われる指示文を入力して回答してもらう。Gmailと連携して、メールの下書きを作成してもらうなどもでき、仕事の効率化にとても役立つ

Googleアプリで、キーワード、音声、画像などさまざまな検索ができる。スマホのカメラで、目の前にあるものを検索したり、OCR機能などを備えた「Googleレンズ」が便利。

「Googleマップ」には、地図だけでなく、ルート検索、乗換案内、ナビ機能、店舗のクチコミなど、外出時に役立つ機能が一通り備わっている

目次

まずはGoogleのサービスについて知ろう

Googleのサービスには、仕事で役立つものがたくさんあります。複数人で文書を共有する際にGoogleドキュメントを使用したり、リモートワークの同僚とGoogle Meetで打ち合わせをしたりなど、さまざまなアプリを活用することで業務をスムーズに進めることが可能です。この章では、Googleサービスの特徴や利用するにあたって必要なものを説明します。

01-01

Googleのサービスでできること

検索、メール、地図、スケジュール管理と多彩

Googleには、さまざまなサービスがあり、仕事に役立つものがたくさんあります。
では、どのようなことができ、どのようなサービスがあるのでしょうか。本書で取り上げるサービスを紹介しながら説明します。

Googleサービスとは

●どの端末でも同じデータを使える

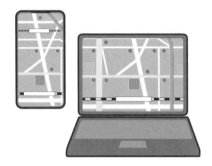

Googleのサービスは、スマホ、パソコン、タブレット、どの端末からでも使うことができます。たとえば、パソコンで作成した文書をスマホからメールで送ったり、スマホで撮影した写真をパソコンで補正したりなど、同じ端末で作業しなくても、中断して別の端末で作業を続けることが可能です。

●さまざまなサービスを使える

Googleには、さまざまなサービスがあり、メールサービスの「Gmail」、地図サービスの「Googleマップ」、オンラインストレージの「Googleドライブ」、スケジュール管理サービスの「Googleカレンダー」など、誰でも自由に使うことができます。Googleのアカウントを一つ取得しておけば、さまざまなサービスを使うことができるのです。しかも、アカウントの取得もサービスの利用も無料です。

Googleのサービスはたくさんありますが、本書では一般的によく使われているサービスを取り上げています。

● Chrome（Chapter02・03）

インターネットで調べものをするときに使うサービスです。検索ボックスにキーワードを入力すると検索結果が表示されます。

● Googleマップ（Chapter04）

地図サービスです。地図を見るだけでなく、ルート検索や電車の時刻、交通情報、ナビも使えます。

● Gmail（Chapter05）

メールサービスです。Googleのメールだけでなく、会社やプロバイダーのメールも送受信できます。

● Googleカレンダー（Chapter06）

スケジュール管理サービスです。予定が近づいたら通知したり、他の人と予定を共有したりできます。

●Google Meet（Chapter07）

　ビデオ会議サービスです。離れた場所にいるユーザーとリアルタイムで会議ができる便利なツールです。

●Google Chat（Chapter08）

　文字でやり取りするメッセージサービスです。複数のユーザーとファイルやタスクを共有することもできます。

●Google ドライブ（Chapter09）

　インターネット上にファイルを保存できるクラウドサービスです。さまざまなファイルをアップロードしてどの端末からも使用できます。

●Google アプリ（Chapter10）

　検索だけでなく、音声での検索やカメラ機能を使った検索が可能です。関心事や最新のトピックスも入手しやすいです。

● Gemini（Chapter11）

　Googleの生成AIサービスです。今後もさらにグレードアップするので注目されています。

● Google Keep（Chapter13）

　文字や画像、音声などを保存・整理することができます。クラウドに保存するので、どの端末からもアクセス可能です。

● Google フォト（Chapter12）

　写真や動画の保存や共有ができるサービスです。場所や人物を検索でき、高度な画像認識技術が備わっています。

● YouTube（Chapter14）

　無料で使える動画共有サービスで、世界中から投稿された動画を見ることができ、投稿もできます。

01-02

スマホとパソコンのGoogleサービスの違い

同じように使えるが、一部パソコンのみの機能もある

Googleのサービスは、パソコンでもスマホでも使用できます。スマホなら、移動中や外出先でもアクセスできるためとても便利です。そこで本書では、スマホのアプリをメインとして解説しています。

スマホの画面とパソコンの画面

　Googleのサービスは、たくさんありますが、たいていのGoogleのサービスは、スマホでもパソコンでも使えます。スマホとパソコンでは、画面の大きさが違うため、画面構成や操作方法が多少異なったり、パソコン版にある機能や設定がスマホ版にはなかったりすることもあります。

▲スマホのGmailアプリの画面は、スマホの画面に合わせた構成になっている

▲パソコン版のGmailの画面

スマホとパソコンはデータを共有できる

　スマホとパソコンで多少の違いはありますが、どちらからでも同じデータを扱うことができます。たとえば、パソコンで作成したメールの続きをスマホで入力して送ったり、パソコンで保存したPDFファイルをスマホで見たり、スマホで見たホームページの履歴を使ってパソコンから見たりなどができます。

スマホならどこにいても利用可能

　Googleサービスをパソコンで使用するのもよいですが、スマホならいつも持ち歩いているので、より手軽に使えて便利です。たとえば、電車の中でメールチェックやスケジュール管理、YouTube動画の視聴ができます。出張先では、ルート検索やお店探しなども便利です。急なオンライン会議にも対応できますし、各サービスの使い方を覚えれば業務がスムーズになり、生産性が向上します。

01
まずはGoogleのサービスについて知ろう

⚠ Check

AndroidのスマホとGoogleは相性がいい

　AndroidはGoogleが提供しているOSなので、スマホ設定時のGoogleアカウントがそのまま使えたり、主要なアプリが最初からインストールされていたりと、Googleのサービスが使いやすくなっています。

01-03

ビジネス用Googleサービス（Google Workspace）について知っておこう

アプリは基本的に同じだが、ビジネス向けのサポートなどがある

企業がネットサービスを利用する場合、データの改ざんや漏洩に十分気を付ける必要があります。そのため、セキュリティ対策が欠かせません。そこで、Googleでは、企業用の有料サービスとして「Google Workspace」を提供しています。一般向けのGoogleサービスとの違いを理解しておきましょう。

ビジネス向けのGoogle Workspaceとは

　企業向けのGoogle Workspace(https://workspace.google.com/)は、ビジネス向けの有料サービスです。独自ドメインを使用したメールアドレスを使用でき、ストレージ容量も一般用とは異なります。また、社内のデータ保護を目的とした管理コンソールがあり、IT管理者はユーザーアカウントの追加や削除、セキュリティ設定のカスタマイズなどが可能です。GmailやGoogleドライブなどの各アプリの操作については、無料版と大きな違いはないので、まずはアプリの操作方法を覚えるところからはじめると良いでしょう。

▲Google Workspaceは「https://workspace.google.com/」から申し込める

Google Workspaceの主な特徴

●独自ドメインのメール

独自ドメインのメールアドレス「[ユーザー名] @ [会社名].com」を使用して社内メールを送信できます。また、グループのメーリングリストの作成も可能です。

●モバイル端末管理

従業員のスマートフォンやタブレットの紛失・盗難に備えて、画面ロックや安全なパスワードの設定ができます。万が一、被害にあっても、端末や指定アカウントのデータを削除できます。

●高度な管理機能

組織内を一元管理し、ユーザーの追加と削除、グループの設定、2段階認証プロセスなどセキュリティ設定の追加を行えます。

●安心のサポート体制

365日24時間体制のサポートが付いているので安心です。電話、メール、チャットで問い合わせができます。

●ストレージ容量

Business Starterエディションでは、1ユーザーにつき30GBの容量を利用できます。それ以上必要な場合は、Business StandardやBusiness Plus、Enterpriseのいずれかにアップグレードします。

まずはGoogleのサービスについて知ろう

01

27

01-04

Google アカウントを取得する

一つのアカウントでほぼすべての Google サービスが使える

Google アカウントの取得方法を説明します。すでにパソコンで使用している Google アカウントがあれば、そのアカウントで利用できるので、ここでの操作は省略してください。また、Android を使っている人はスマホを始めるときに取得済みなので、その Google アカウントを使ってもかまいません。

新規アカウントを作成する

1 「ブラウザ」アプリで Google のページ「https://google.com」にアクセスし、「ログイン」をタップ。

2 「アカウントを作成」をタップし、「個人で使用」をタップ。

3 氏名を入力。性は省略可能。「次へ」をタップ。

⚠ Check

アカウントの作成

　パソコンで使用している Google アカウントがあれば、新たに作成しなくてもそのアカウントを使うことができます。また、Android スマホを使っている場合は、スマホを始めるときに Google アカウントを取得しているので、そのアカウントを使えます。もう一つ必要な場合に、ここでの方法で作成してください。

4 生年月日と性別を設定し、「次へ」をタップ。

基本情報　　1 設定

生年月日と性別を入力してください

年	月	日
1977	8月 ▼	1

性別
女性　　　　　　　　　　　　　　▼

生年月日と性別の入力をお願いする理由

2 タップ

5 「自分でGmailアドレスを作成」をタップし、任意の文字を入力して「次へ」をタップ。

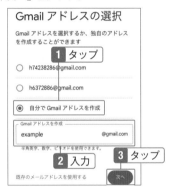

Gmail アドレスの選択

Gmail アドレスを選択するか、独自のアドレス
を作成することができます

1 タップ

○ h74238286@gmail.com

○ h6372886@gmail.com

◉ 自分で Gmail アドレスを作成

Gmail アドレスを作成
example　　　　　　　@gmail.com

半角英字、数字、ピリオドを使用できます。

2 入力　　3 タップ

既存のメールアドレスを使用する　　次へ

6 パスワードを入力。下の段にも同じパスワードを入力し、「次へ」をタップ。

安全なパスワードの作
成　　1 入力

半角アルファベット、数字、記号を組み合わせ
てパスワードを作成します

パスワード
●●●●●●●●

確認
●●●●●●●●

□ パスワードを表示する

2 タップ
次へ

⚠ Check

ロボットによる操作でないことを証明

　手順6の後に携帯電話番号を入力する画面が表示される場合があります。これは自動化プログラムでアカウントを量産する人がいるため、人間が操作していることを証明する目的で行います。携帯電話番号を入力した後に、メッセージアプリに番号が送られてくるので、その番号を入力してください。

⚠ Check

パスワードが一致しない

　「パスワードが一致しません」と表示される場合は、正しく入力していないためです。手順6にある「パスワードを表示する」のチェックを付け、大文字と小文字、「0」と「o」の違いなどの入力ミスがないか確認してください。

7 携帯電話番号を入力し、「次へ」をタップ。

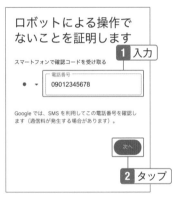

ロボットによる操作で
ないことを証明します

スマートフォンで確認コードを受け取る　1 入力

電話番号
● ▼ 09012345678

Google では、SMS を利用してこの電話番号を確認します（通信料が発生する場合があります）。

次へ

2 タップ

8 メッセージアプリに送られてきたコードを入力し、「次へ」をタップ。

コードを入力

6 桁の確認コードを入力して、テキスト メッ　1 入力
受け取ったことをご確認ください

コードを入力
G-　123456

新しいコードを取得　　次へ

2 タップ

9 「スキップ」をタップ。次の画面で「次へ」をタップ。

再設定用のメールアドレスの追加

アカウントで通常とは異なるアクティビティが検出された場合やアカウントにアクセスできなくなった場合に Google からの通知を受け取るメールアドレスです。

[再設定用のメールアドレス]

次へ　　スキップ

1 タップ

日本語

再設定用のメールアドレスとは

Google アカウントにログインできなくなったときに、別のメールアドレスを使ってアクセスするためのものです。後から設定することもできるので、スキップで飛ばしてもかまいません。

---

10 プライバシーと利用規約が表示される。スワイプしながら一読する。

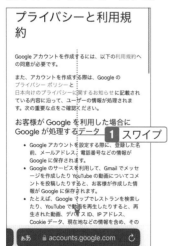

プライバシーと利用規約

Google アカウントを作成するには、以下の利用規約への同意が必要です。

また、アカウントを作成する際は、Google のプライバシー ポリシーと日本向けのプライバシーに関するお知らせに記載されている内容に沿って、ユーザーの情報が処理されます。次の重要な点をご確認ください。

お客様が Google を利用した場合に Google が処理するデータ 　**1** スワイプ

- Google アカウントを設定する際に、登録した名前、メールアドレス、電話番号などの情報が Google に保存されます。
- Google のサービスを利用して、Gmail でメッセージを作成したり YouTube の動画についてコメントを投稿したりすると、お客様が作成した情報が Google に保存されます。
- たとえば、Google マップでレストランを検索したり、YouTube で動画を再生したりすると、再生された動画、デバイス ID、IP アドレス、Cookie データ、現在地などの情報を含め、その

ぁあ 🔒 accounts.google.com

---

11 最下部の「同意する」をタップ。

ーや測定パートナーについての説明をご覧ください。

データを統合する

また Google は、こうした目的を達成するため、Google のサービスやお使いのデバイス全体を通じてデータを統合します。アカウントの設定内容に応じて、たとえば検索や YouTube を利用した際に得られるユーザーの興味や関心の情報に基づいて広告を表示したり、膨大な検索クエリから収集したデータを使用してスペル訂正モデルを構築し、すべてのサービスで使用したりすることがあります。

設定は自分で管理できます

アカウントの設定に応じて、このデータの一部はご利用の Google アカウントに関連付けられることがあります。Google はこのデータを個人情報として取り扱います。Google がこのデータを収集して使用する方法は、下の [その他の設定] で管理できます。設定の変更や同意の取り消しは、アカウント情報（myaccount.google.com）でいつでも行えます。

その他の設定 ∨　　**1** タップ

キャンセル　　同意する

日本語

ヘルプ　プライバシー　規約

---

12 Google アカウントを作成し、ログインした。

Google アカウント 🔍 ❓ ▦ 花子

ホーム　個人情報　データとプライバシー　セ

花子

ようこそ、花子 さん

Google サービスを便利にご利用いただけるよう、情報、プライバシー、セキュリティを管理できます。
詳細 ⓘ

Google アカウントにアクセスできなくなるのを防ぐ　✕

🛡 パスワードを忘れた場合でもすべての Google サービスへのアクセスを維持できるよう、再設定用の電話番号を追加しましょう

再設定用の電話番号の追加

プライバシーとカスタマイズ

ぁあ 🔒 myaccount.google.com ↻

< 〉 ⬆ 📖 ⬜

パソコンでアカウントを作成するには

パソコンで新規にアカウントを作成する場合も、ここでの操作と同様にブラウザでGoogle ログインページにアクセスして作成してください

ログアウトする

1 右上のアカウントアイコンをタップ。

1 タップ

2 「ログアウト」をタップ。

1 タップ

3 ログアウトした。

ログアウトは必要？

ここではブラウザでログインしたのでログアウトしましたが、スマホのGmailアプリやGoogleドライブアプリのアカウントは、そのままで大丈夫です。パソコンの場合は、第三者が触れる状態であったり、他の人に借りたパソコンの場合は必ずログアウトしてください。

01-05

アプリのインストール方法

どのアプリも同様にインストールできる

本書で解説している各アプリは、スマホにインストールして使用します。iPhoneの場合はAppStoreで、Androidの場合はPlayストアで使いたいアプリを検索してインストールしましょう。Androidの場合は、はじめからインストールされている場合が多いので、インストールされていないアプリのみインストールしてください。

iPhoneにアプリをインストールする

１　ホーム画面で「App Store」をタップ

２　「検索」をタップし、検索ボックスをタップ。

３　アプリ名を入力し、「検索」をタップ。

4 アプリが表示されたら「入手」を
タップ。

タップ 1

🔅 Hint

Face IDを使用している場合

iPhone11以降で、iTunes Store も Face ID
を使うように設定している場合は、本体のサ
イドボタンを2回押してください。

5 「インストール」をタップ。

タップ 1

6 インストールされた。

確認 1

1 ホーム画面で「Playストア」をタップ。

2 検索ボックスをタップ。

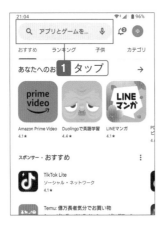

3 アプリ名を入力し、表示された候補から目的のアプリ名をタップ。

4 「インストール」をタップするとダウンロードが始まる。

Googleの検索機能を
使いこなそう

「営業先の会社概要を知りたい」「競合会社の新サービスについて知りたい」など、ビジネスにおいてもインターネット検索は頻繁に使われています。単純にキーワードを入力すれば調べられるのですが、精度を高めるためには工夫が必要です。この章では、Google検索の基本と便利な使い方を紹介します。

02-01

Googleで見たいものや
調べたいことを探してみよう

検索エンジン「Google」を最大限に活用する

Googleの検索エンジンを使うと、高精度で信頼性の高い検索結果を得ることができます。どのブラウザでも使えますが、ここではGoogleのブラウザ「Chrome」を使います。まだスマホにインストールされていない場合は、ここでインストールしておきましょう。

Google Chromeアプリを使う

1 「Chrome」アプリをインストールし、「Chrome」をタップ。ようこそ画面が表示されたら、「同意して続行」をタップ。

2 使用するアカウントになっていることを確認して、「○○として続行」をタップ。次の画面で「スキップ」をタップ。

📓 **Note**

Google Chromeアプリとは

Google が提供しているWeb ブラウザアプリです。タブを使って複数のページを開き、切り替えながら閲覧できます。スマホのChromeアプリとパソコンのChromeアプリを同じアカウントで使用すれば、スマホで見たホームページを後からパソコンで見たり、パソコンでブックマークしたページをスマホで使ったりすることができます。

3 Googleのホーム画面が表示される。インストール済みの場合は、ホームページが表示されることもある。

❶ **検索ボックス**：ここにキーワードやURL を入力して検索できる
❷ Google レンズで検索できる
❸ 前のページと次のページを切り替える。長押しするとページを選択できる
❹ 新しいタブを追加する
❺ タブの数が表示され、タップすると他のタブに切り替えられる
❻ 履歴やブックマークの表示、設定などをおこなう

🔖 **Hint**

Google Chrome アプリと Google アプリの違い

　Google Chrome アプリは、インターネット検索に特化したアプリです。一方、Google アプリは、検索だけでなく、最新の情報や興味のあるトピックをチェックできたり、音声検索で調べたりできるアプリです。Chapter02と03はChromeの画面でGoogle検索の説明をします。Google アプリについてはChapter10を参照してください。

🔖 **Hint**

パソコンでChromeを使うには

　Google Chrome アプリは、パソコンの場合は、Chromeのソフトをインストールして使用します。「https://www.google.co.jp/chrome/」にアクセスして入手してください。スマホのChrome アプリと同期する方法は、SECTION03-11で説明します。

⚠ **Check**

AndroidのChromeアプリ

　Androidスマホで、はじめからChromeがインストールされている場合は、トップ画面が特定のサイトに設定されている場合があります。画面右上の ⋮ をタップし、「設定」→「ホームページ」をタップし、ONにしたまま「Chromeのホームページ」を選択すると、解説の画面と似ている画面になります。

02-02

キーワードで検索する

特定の言葉に関連があるホームページを探す

インターネットは情報収集に欠かせません。見たいホームページのURLが手元に無い場合でも、企業名、製品名などのキーワードで検索すれば、URLを入力するよりも早く目的のページを探すことができます。まずは、基本の検索方法を覚えましょう。

キーワードを入力して探す

1 Chromeアプリを開き、検索ボックスをタップ。ホームページを開いている場合は最上部のボックスに入力。

2 検索結果が表示される。タップするとそのページを表示できる。上部の「Google」をタップしてホーム画面に戻る。

Hint

Googleレンズ

検索ボックスの右端にある 🔍 をタップするとGoogleレンズを使って検索できます。Googleレンズについては Chapter10 で説明します。

複数のキーワードで検索する

欲しい情報が載っていないサイトを省きたいときに

キーワードによっては、検索結果が大量に出てきてしまい、精査するのが大変なことがあります。「レンタルオフィス」と「渋谷」のように複数のキーワードを使って検索することで、目的に近いサイトが優先的に表示され、効率が上がります。

2つのキーワードを入力して探す

1 キーワードを入力。

2 スペースを入力して、次のキーワードを入力。その後キーボードの「検索」をタップ。

3 「レンタルオフィス」または「渋谷」の検索結果が表示される。

🔎 Hint

2つの単語のどちらか一方が入っているページを探すには

「Google」と「グーグル」のように、2つの単語のどちらか一方を満たす条件で検索するには、「Google OR　グーグル」のようにキーワードの間に「OR」を入力します。キーワードとORの間にはスペースを入れてください。

02-04

特定のキーワードを除いて検索する

幅広いジャンルに当てはまる言葉で検索するときに

たとえば「プリペイドカード」以外の「カード」について検索するとき、特定の言葉を除外することもできます。複数のキーワードで検索したが見つからない場合や、検索結果の精度を上げたいといったときに便利です。除外するには、キーワードを引くという意味で「-」を使用します。

「-」を使って検索する

1 キーワードを入力した後、スペースを入力。

2 半角のマイナス「-」を入力して、除外するキーワードを入力する。その後「検索」をタップ。

3 特定の単語を除いた検索結果が表示される。

🔍 Hint

うろ覚えの単語を検索するには

「単語の一部はわかるけど完全に思い出せない」といった場合は、アスタリスク (*) を使います。たとえば、「秀和システム」の「システム」が思い出せないとき、「秀和*」と入力すれば検索できます。

特定のホームページ内で
キーワードを検索する

自社サイト内から、特定の話題のみを検索する

自社商品のうち、特定のカテゴリーのみ集めて商品紹介ページを確認したいときもあるでしょう。普通に検索すると、競合他社の商品も検索され、関係のない結果が大量に表示されてしまいます。そのような場合、自社サイト内のみを検索すれば、検索の精度が上がり効率的です。

「site:」を使って検索する

1 「site:」と入力した後に、URLを入力。

3 指定したホームページ内の検索結果が表示される。

2 スペースを入力し、キーワードを入力して「開く」をタップ。

⚠ Check

「Site:」を使用した検索

「Site:」の後にURLを入力することで、特定のWebサイトを絞り込むことができます。さらにキーワードを入力すると、そのキーワードがあるページのみが検索結果に表示されます。

02-06

1週間以内に更新されたページを見る

移り変わりの激しい情報を検索するときに

状況の移り変わりが激しいテーマについて調べるとき、そのサイトがいつ更新されたのかが重要です。Googleでは最終更新の期間を指定できるので、古い情報を検索結果から外すことができます。古い情報が上位に掲載されていることも多いので、なるべく新しい情報を入手しましょう。

期間を1週間以内にして検索する

1 SECTION02-02のように検索結果を表示した状態にし、検索ボックス下にあるバーをスワイプして「検索ツール」をタップ。

2 「期間指定なし」をタップし、「1週間以内」をタップ。

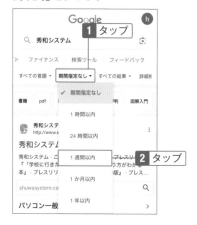

3 1週間以内に更新されたページが一覧表示される。

🔍 Hint

パソコンでは日付指定ができる

パソコンの場合は、検索ボックスの下にある「ツール」をクリックし、「時間指定なし」をクリックして指定できます。

02-07

見たい写真を検索する

検索対象の見た目を調べたいときに

検索対象の見た目を調べたいときは、画像だけに絞って検索した方が効率的です。ただし、検索結果にさまざまな写真やイラストが表示されますが、フリー素材でない場合は無断で使用できません。著作権を侵害しないように気を付けましょう。

画像検索を使う

1 上部の「Google」をタップして戻り、上部の「画像」をタップ。

2 Googleのロゴの右下に「画像検索」と表示される。キーワードを入力し、「検索」をタップ。

3 検索結果が表示される。「イラスト」「ポスター」などをタップして絞り込める。「すべて」をタップすると通常の結果が表示される。

02-08

ネットで売られている商品を
予算内で探す

色々なネットショップから検討したいときに

ネットで販売されている商品情報から、商品を探すことができます。仕事上での購入の場合は予算が決まっていたり、大量に購入することもあるでしょう。ネット全体から網羅的に探すことができ、価格帯も指定できるので、予算内で探せます。

価格帯を指定して検索する

1 SECTION02-02のように検索結果を表示した状態にし、「ショッピング」をタップして囲をタップ。

2 「価格帯を指定」をタップし、値段を指定する。指定したら「完了」をタップ。

⚠ Check

ショップや商品状態を選択して検索するには
手順2では、価格やショップを指定して探したり、新品か中古品を選択して検索することができます。

話題のニュースを検索する

スキマ時間に手早く最新情報をチェック

通勤時や休憩時間などのスキマ時間にちょっとした調べ物をする人も多いと思います。気になっている話題がある場合は、キーワードに関連するニュースのみ検索できます。古いニュースもあるので、期間を絞って閲覧するとよいでしょう。

「ニュース」を選択して検索する

1 キーワードを入力し、「ニュース」をタップ。

2 検索ボックスの下のバーをスワイプして「検索ツール」をタップ。「新着」をタップして「24 時間以内」をタップすると、24 時間以内のニュース一覧が表示される。

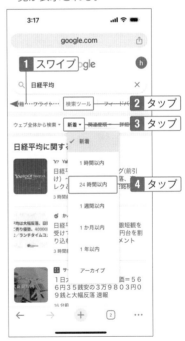

Hint

書籍を検索するには

手順2の画面で「書籍」をタップすると、本や雑誌を検索することもできます。

Google の検索機能を使いこなそう

航空便のスケジュールを調べる

乗りたい便を調べてそのまま予約できる

Google検索では、飛行機の発着時間も調べることができ、検索結果から予約サイトに移動し、そのまま予約することも可能です。往路便のみ、復路便のみを予約したいときにも便利です。また、条件に合う経路での最安値をメールで受け取ることもできます。

「フライト」を選択して検索する

1 検索結果を表示した画面で、検索ボックスの下にあるバーをスワイプして「フライト」をタップ。

2 出発地と目的地を入力。日付はタップしてカレンダーから選択。

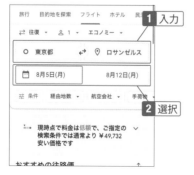

3 往路便と復路便を選んでタップ。下部の「続行」ボタンをタップすると予約サイトへ移動する。

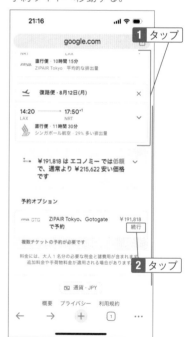

02-11

PDFファイルなど特定の
ファイルを検索する

公的機関の調査資料などを検索するときに

調査資料やプレスリリース、取扱説明書などがPDFでネットに公開されていることがあります。ファイル形式を指定して検索すれば、それらの情報を探しやすくなるはずです。ExcelやWordなどのファイルも検索できます。

「filetype:」を使って検索する

1 キーワードを入力し、続いてスペースを入力。その後「filetype:pdf」と入力して検索する。

2 PDFのページの検索結果が表示されるので、タップすると表示される。

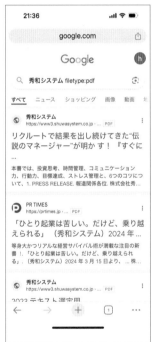

02

Googleの検索機能を使いこなそう

⚠ Check

検索可能なファイル形式

　PDFと同様に、Excelのファイル (xlsやxlsx)、Wordのファイル (docやdocx)、PowerPoint (pptやpptx) なども検索することができます。

02-12

電卓で計算する

電卓アプリを使わずにChrome上で計算ができる

Google検索で電卓を使うことができます。Webサイトを見ていて計算が必要になったとき、電卓アプリを開かなくても計算が可能です。足し算、引き算などの四則演算以外にも、三角関数（sin、cos、tan）、対数（log、ln）なども使えます。

電卓ツールを検索する

1 検索ボックスに「電卓」と入力して検索する。

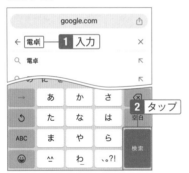

2 電卓が表示され、計算ができる。数字を消すときは「CE」をタップ。「Fx」をタップすると関数電卓としても使える。

⚠ **Check**

通貨換算するには

たとえば「15ドルは何円？」を計算したいとき、検索ボックスに「15ドル」と入力すると、通貨換算ツールが表示され、現在の円相場で換算できます。

海外のサイトを翻訳して読む

市場の調査などで海外サイトにアクセスしたいときに

専門的な情報や、最新情報を調べるために海外のサイトにアクセスする場合もあります。Chromeの翻訳機能を使えば、英語はもちろん、普段使わない言語のサイトも日本語に翻訳して読むことができます。翻訳アプリを使わずに済むので活用しましょう。

英文を日本語にする

1 画面下部の ┉ （Androidは上部の ⋮ ）をタップ。

2 スワイプして「翻訳」をタップ。

3 自動的に日本語に翻訳される。検索ボックスの ⚙ をタップすると、原文を表示したり、他の言語に変えられる。

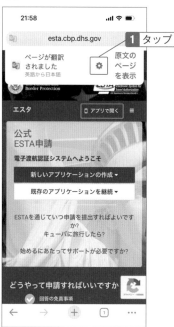

02-14

キーボードを使わずに音声入力で検索する

スマホの入力が苦手な人におすすめ

パソコンの入力は得意だが、スマホの入力は苦手な人もいるでしょう。Chromeではマイクのボタンから音声を使って検索ができます。特に文章のような長い文字を入力する際に便利です。数字も入力可能です。

音声で文字を入力する

1 検索ボックスの右にある「マイク」アイコンをタップ。マイクへのアクセスは許可する。

2 スマホに向かって話しかけると文字が入力される。

> **♀ Hint**
>
> **広告が表示される**
>
> 　ネット検索をしていると、あちらこちらに広告が表示されます。小さく「広告」「AD」の文字、あるいは █ のアイコンがあれば広告です。本文と間違えないようにしましょう。

Google Chrome で快適に
ホームページを閲覧しよう

Chapter02ではGoogleの検索について説明しましたが、Chromeの機能を使いこなせば、よりスムーズに検索ができます。特に、スマホで閲覧したサイトをパソコンで再度閲覧したりする際に便利です。この章では、Chromeのタブの使い方やページのブックマークの方法などを紹介します。なお、本書ではiPhoneで解説しているため、AndroidのChromeの画面は多少異なります。

03-01

タブを使ってホームページを表示する

複数のサイトにまたがって調べ物をするときに

複数の会社のホームページを見比べるとき、その都度検索したりURLを入力していると手間がかかり、非効率です。新しい「タブ」で比較したい数だけページを表示させれば、タブを切り替えながら見られるようになります。

新しいタブを追加する

1 Google Chromeアプリの画面下部の「＋」（Androidの場合は右上の数字をタップし「新しいタブ」）をタップ。

2 新しいタブが作成され、「2」と表示された。

📋 **Note**

タブとは

Chromeでは、タブを使って複数のページを開くことができます。タブを切り替えるだけで別のページを見られるので、その都度そのページにアクセスせずにすみます。

タブを閉じる

1 画面下部（Androidは上部）にある数字をタップ。

1 タップ

2 見たいページをタップして切り替えができる。「×」をタップし、「完了」をタップ。

1 タップ

2 タップ

Hint

パソコン版Chromeで新しいタブを作成するには

パソコンの場合は、一番右の空のタブをクリックすると新しいタブを作成できます。

03-02

ホームページ上のファイルを
ダウンロードする

調査レポートや媒体資料などを参照したいときに

公的機関の調査資料やメディアの媒体資料などは、PDFでサイト上に公開されている場合がありますが、簡単にダウンロードできます。スマホに保存する以外にも、Chapter09で紹介するGoogle Driveに保存することも可能です。

ファイルを保存する

1 PDFへのリンクをタップして開く。画面をタップし、画面右上の △ をタップ。

2 「"ファイル"に保存」をタップ。

⚠ Check

Androidでファイルをダウンロードするには

　Androidの場合は、リンクをタップして保存場所を選択します。

3 保存場所を選択して「保存」をタップ。

⚠ Check

ファイルの保存先

　保存できない場合は下部の「ブラウズ」をタップして他の場所を指定します。Chapter09で紹介するクラウドのGoogle DriveやOneDriveなどにも保存できます。

03-03

表示しているページをLINEや Gmailに送る

確実に見て欲しいサイトの情報はLINEで送ろう

参考になる情報を、URLを送って共有するケースも多くあります。Gmailはもちろんですが、LINEでも送ることが可能です。場合によっては、すぐにメッセージをチェックする人が多いLINEの方が早く伝わるでしょう。

LINEで共有する

1 検索ボックスの右端にある 🔳 (Androidの場合は ⋮ をタップして「共有」) をタップ。

2 「LINE」をタップして友だちを指定する。メールで送る場合は右にスワイプして「Gmail」をタップする。

⚠️ Check

ホームページを知らせたいときは

誰かにホームページ（Webサイト）を知らせたいとき、LINEやGmailなどで送ることができます。受け取った人は、リンクをタップするだけでブラウザーが起動し、ホームページを見ることができます。

03-04

気に入ったホームページを
ブックマークに登録しておく

定期的に特定のサイトに訪問して情報収集するときに

競合他社の動向や業界の情報などを常にチェックしたい場合は、関連サイトをブックマークして登録しておきましょう。パソコンと同期していれば（SECTION03-11参照）、パソコンとスマホどちらで登録しても見ることができます。

ページを登録する

1 画面右下の … （Androidは右上の :）をタップ。

2 「ブックマークに追加」（Androidは最上部の「☆」）をタップ。下部に「ブックマークしました」と表示される。

📋 **Note**

ブックマークとは

　ブックマークは、お気に入りのページに付ける「しおり」のようなものです。ブックマークに登録しておけば、いつでも素早くそのページを開くことができます。

1 画面右下の □ (Androidは右上の □) をタップして「ブックマーク」をタップ。

2 「モバイルのブックマーク」をタップ。

パソコンで登録したブックマークも使える

パソコンの場合はアドレスバーの右端にある☆をクリックします。パソコンでSECTION03-11の同期をおこなっていれば、パソコンで登録したブックマークをスマホで使うことが可能です。

3 登録したブックマークをタップするとページが表示される。

⚠ Check

ブックマークを解除するには

手順3の右下にある「編集」をタップし、ページを選択して「削除」(Androidの場合は □ をタップし、「削除」)をタップします。

03

Google Chromeで快適にホームページを閲覧しよう

今見ているページを後で読む

ブックマークするほどではないが一旦キープしたいサイトに

調べ物をしている途中で用事が入ったときや、とにかく多くのサイトを集めて精査したいときなどに、後で読めるようにまとめておくことができます。ここで紹介する方法なら、読み終わると既読になるので、まだ読んでいないページがわかります。

リーディングリストに登録する（iPhone）

1 画面右下の⋯をタップし、「リーディングリストに追加」をタップ。

2 「完了」をタップ。

📓 Note

リーディングリストとは

リーディングリストは、後で読みたいページを登録することで、電波が弱い場所やネットにつながらないときでも読める機能です。登録したページは未読となり、開くと既読として一覧に表示されます。

⚠ Check

Androidで後で読むには

ここでの方法はiPhoneでの操作です。Androidで後から読むには⋮→⬇をタップしてダウンロードし、⋮→「ダウンロード」から開きます。

3 登録された。下部に「リーディングリストに追加しました」と表示される。

1 確認

4 画面右下の … をタップし、「リーディングリスト」(隠れている場合は横にスワイプ)をタップ。

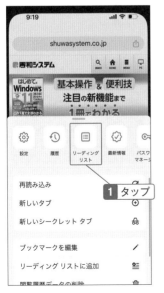

1 タップ

5 「未読」に表示される。「編集」をタップ。

1 確認

2 タップ

6 ページをタップしてチェックを付け、「削除」をタップすると削除できる。

1 タップ

2 タップ

03 Google Chromeで快適にホームページを閲覧しよう

Hint

リーディングリストを未読に変更するには

読み終わると「既読」になります。未読に戻す場合は手順6の画面で、「未読にする」をタップすると未読として表示されます。

03-06

興味がない記事を非表示にする

地元の情報や関心事の記事だが、不要なら非表示にできる

Chromeアプリのホーム画面には、閲覧履歴や位置情報によっておすすめ記事が表示されます。もし興味のない記事が表示されて困るようなら、その記事を非表示にすることも可能です。なお、SECTION02-01のCheckで説明したように、「ホームページ」に特定のアドレスが設定されている場合はDiscoverが表示されません。

「興味がない」を選択する

1 Chromeのホーム画面下部にDiscoverが表示される。興味のない記事の右上にある…をタップし、「表示しない」をタップ。

2 「元に戻す」をタップすると記事が再表示される。

⚠ **Check**

Discoverを非表示にするには

Discoverを使いたくない場合は、手順1で「Discover」の右端にある⚙ (Androidは⋮) をタップし、「オフにする」をタップします。

すべてのタブを閉じる

無数のタブが開いて困っているときに

タブで切り替えながらホームページを見られるのは便利なのですが、いくつものタブが追加され、動作が重くなることがあるかもしれません。定期的にタブの数を確認し、不要であれば削除しましょう。一括で削除する方法があるので紹介します。

一度にタブを終了する

1 下部（Androidは上部）の数字をタップ。

1 タップ

2 「編集」（Androidは画面右上の ⋮ ）をタップし、「すべてのタブを閉じる」をタップ。

タブを選択

すべてのタブを閉じる ✕ **2 タップ**

1 タップ 完了

3 タブを閉じた。「＋」（Androidは左上の「＋」）をタップ。

タブはここに表示されます
タブを開くと、さまざまなページに同時にアクセスできます

1 タップ

元に戻す ＋ 完了

🔖 Hint

タブを固定するには

iPhoneの場合、手順2でタブを長押しし、「タブを固定」をタップすると先頭に固定させることができます。

03-08

閉じてしまったタブを開く

タブが多いので閉じたら、やはり必要だったときに

「うっかりタブを閉じてしまったが、どのように検索したのか忘れてしまい、そのページが見つからない」ということがありますが、再度検索する必要はありません。Chromeには、そのようなときに再表示できる方法があります。パソコンと同期している場合は、パソコンで開いたタブも表示されます。

最近使ったタブを開く

1 画面右下の⋯（Androidは右上の⋮）をタップし、「最近使ったタブ」（隠れている場合は横にスワイプ）をタップ。

2 開きたいタブをタップ。

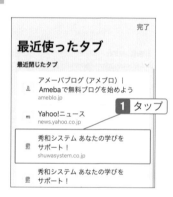

3 ページが開いた。

📄 Note

最近使ったタブとは

　Chromeでは最近使ったタブを開けるので、うっかり閉じてしまっても心配いりません。SECTION03-11のようにパソコンも同期していれば、パソコンで使ったタブも開くことができます。

過去に見たホームページを再度見る

どう探したか覚えていないページを見たいときに

そのときは重要と思わずブックマークしなかったホームページを、やはり再度見たくなったときは、履歴から探しましょう。検索経路を覚えていないサイトにも、簡単にたどり着けます。もし履歴を残したくない場合は、削除することも可能です。

履歴を開く

1 画面右下の … （Androidは右上の ⋮）をタップし、「履歴」をタップ。

2 再度見たいページをタップすると、過去に見たページが表示される

📄 **Note**

履歴とは

履歴は90日以内に Chrome でアクセスしたホームページが表示されます。確実にアクセスできるようにしたい場合は、SECTION03-04のブックマークで登録してください。

⚠️ **Check**

履歴を削除するには

手順2の画面で、「閲覧履歴データを削除」をタップし、次の画面で削除する項目を選択して「履歴データを削除」をタップします。

03-10

履歴を残さないように
ホームページを見る

誕生日や金融資産、健康状態など、個人情報の検索時に使用する

履歴は便利ですが、逆に履歴を残したくないこともあります。そのようなときは、シークレットモードで履歴を残さずにホームページを閲覧できます。共用のパソコンを使う際、スマホでの履歴を見られたくないときにも有効です。

シークレットモードで表示する

1 画面右下の □□ （Androidは右上の
⋮ ）をタップし、「新しいシークレットタブ」をタップ。

2 キーワードを入力して検索するかURLを入力してページを表示する。

3 シークレットモードで表示した。シークレットモードは上下がグレーになる。

📓 **Note**

シークレットモードとは

　シークレットモードは、閲覧したページや入力情報などを残さずに使えるモードです。たとえば、他の人と一緒に使っている端末でネットショッピングをするとき、クレジット情報や個人情報などを残したくないのでシークレットモードを使います。

1 下部（Androidは上部）の数字を
タップ。

2 シークレットモードのページの「×」
をタップ。

3 「通常モード」のアイコンをタップ。

4 閲覧するページをタップするか、下部
（Androidは左上）の「+」をタップ。

⚠ Check

**シークレットモードと
通常モードの切り替え**

手順2の上部のボタンで、シークレットモー
ドと通常モードのページの切り替えができま
す。

💡 Hint

**パソコンのChromeで
シークレットモードを使うには**

右上の⋮をタップし、「新しいシークレット
ウィンドウ」をクリックすると、別のウィンド
ウが開いてシークレットモードで閲覧できま
す。ウィンドウを閉じるとシークレットモード
が終了します。

03

Google Chromeで快適にホームページを閲覧しよう

03-11

スマホで見たホームページを
パソコンで見る

情報量の多いホームページを広い画面で見たいときに

情報量が多いホームページは、パソコンの画面の方が見やすい場合があります。外出先でスマホを使って閲覧したホームページを、後でパソコンでも見たい場合は同期の設定をします。ブックマークやリーディングリストも同期させて活用しましょう。

同じアカウントで同期する

┃ 画面右下の □□ （Androidの場合は
┃ 右上の ⋮ ）をタップし、「設定」を
　　タップ。

2 アカウントをタップ。

⚠ Check

履歴やブックマークは
すべての端末で使える

　どの端末にインストールしたChromeでも、Googleアカウントと結びつけることで、閲覧したページやブックマーク、パスワードなどの設定を同じように利用することができます。

3 「履歴とタブ」「ブックマーク」「リーディングリスト」がオンになっていることを確認して、「完了」をタップ。

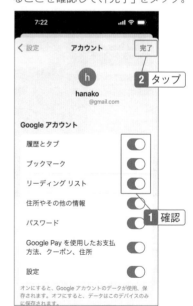

⚠ Check

Androidで同期するには

　Androidの場合は、手順2の後に「同期」をタップして
ONにします。

パソコンで同期する

1 パソコンのChromeで、右
上のプロフィールアイコ
ンをクリックし、「同期を
有効にする」をクリック。

2 「ONにする」をクリック。

3 右上の⋮をクリックし、ス
マホでの履歴やブック
マーク、リーディングリス
トを閲覧できる。

03-12

スマホでパソコン版のホームページを表示する

PC版のサイトにあった内容がスマホで見つからないときに

通常、スマホでアクセスすると、スマホ用のページが表示されます。パソコンサイトに載っていたのにスマホサイトには載っていない内容があった場合は、PC版サイトを表示させることもできます。

PC版サイトを見る

1 画面右下の □ （Androidは右上の ⋮ ）をタップし、「PC版サイトを見る」（Androidの場合は「PC版サイト」）をタップ。

2 パソコン用のページが表示される。

⚠ **Check**

ホームページにはスマホ版とPC版がある

多くのホームページでは、スマホから見るとスマホ版のページ、パソコンから見るとパソコン版のページが開くようになっています。スマホで見ているときに、パソコン版にしかないコンテンツを見たいときなどは、ここでの方法で切り替えて表示します。ただし、パソコン版はファイルサイズが大きいため、データ使用量が多くなります。スマホの通信プランによっては料金がかかるので注意が必要です。

カーナビやお店の検索も
できるGoogleマップを
活用しよう

Googleマップは単なる地図アプリではありません。目的地まででの経路や到着時刻、電車の発着時刻などを確認できます。スマホにGoogleマップアプリをインストールすれば、カーナビの代わりにもなるので、慣れない土地に行った際や道に迷ったときに便利です。また、レストランや病院などのクチコミを見ることもできます。

Googleマップを使う

はじめての場所に行くときやお店を探すときに便利な地図アプリ

営業先やイベント会場を調べる際に地図アプリが欠かせません。また、プライベートにおいても、レストランや旅行先の場所を調べたいときもあります。Googleマップは、一通りの地図機能が揃っているので、まだ利用したことがない人はインストールして使用してみてください。

Googleマップとは

「Googleマップ」は、インターネットを使った無料地図サービスです。現在地の確認やルート検索、電車やバスの乗り換え案内、カーナビとしても使えるので、知らない場所での打ち合わせや地方への出張の際に迷わずにたどり着けます。途中でどこかのお店に入りたいときも、地図とクチコミを見ながら探すことができます。

▲行きたい場所の地図を表示できる

▲ルート検索もできる

1	「Googleマップ」アプリをインストールし、「Google Maps」をタップ。Androidの場合は最初からインストールされている。		2	Googleマップが表示される。

1 タップ

❶ 目的地の住所や名称を入力して検索
❷ 現在地を表示できる
❸ ルート検索ができる
❹ 場所を指定する
❺ 目的地までの行き方を調べる
❻ 場所を登録できる
❼ クチコミを投稿する
❽ マップ上でフォローした場所の情報の
　表示や通知を受け取れる

04
カーナビやお店の検索もできるGoogleマップを活用しよう

🍀 Hint

パソコンでGoogleマップを使うには

　パソコンの場合は、Googleのトップページ (https://www.google.co.jp) の右上にある ⠿ をタップし、「マップ」をクリックするか、「https://maps.google.co.jp/」にアクセスします。

パソコン版Googleマップ▶

04-02

現在地を確認する

初めて訪問した先で道に迷ってしまったときに

初めて訪れた出張先で道に迷った際、周辺に人がいれば聞くことができるのですが、必ずしもそうとは限りません。そのようなとき、スマホの位置情報を使ってGoogleマップに今いる場所を素早く表示することができます。

今いる場所を表示する

1 ◁（Androidは◉）をタップ。

2 現在地の地図が表示される。

🔎 Hint

パソコン版Googleマップで現在地を表示するには

パソコンで現在地を表示する場合も、位置情報を有効にする必要があります。たとえば、Windows11のMicrosoft Edgeを使っている場合、画面右下の ⁎ をクリックすると、位置情報サービスをオンにできます。

⚠ Check

現在地を表示するには

現在地を表示させるには、位置情報を有効にする必要があります。アプリのインストール時に位置情報を無効にした場合はメッセージが表示されるので、スマホの設定画面で有効にしてください。

04-03

行きたい場所の地図を表示する

分かりづらい場所に向かう際は、事前に確認しておく

打ち合わせ場所を指定されたものの、似たような建物が並んでいる場所や狭い道路にある場所の場合、迷ってしまうことがあります。重たい地図を持ち歩かなくても、Googleマップで目的地の地図を見られるので便利です。

目的地を検索する

04

1 検索ボックスに行きたい場所を入力し、「検索」（Androidの場合は ● ）をタップ。

2 地図が表示される。ピンチアウト（2本の指を置いて広げる）すると拡大できる。

⚠ Check

付近の地図を見るには

地図上をスワイプすると、場所を移動でき、別の場所を表示させることができます。

カーナビやお店の検索もできるGoogleマップを活用しよう

目的の場所の写真を見る

似たようなオフィスビルが多い場所で目的地が分かりづらいときに

会議やプレゼンの会場がはじめての場所だと、案外緊張するものです。事前にその場所の写真を見ておけば安心して準備ができます。場所にもよりますが、別の角度からの写真が複数載っているので参考にしてください。

写真を表示する

1 目的の場所の地図を表示する（SECTION04-03参照）。下部の場所名をタップ。

2 「写真」タブをタップするとさまざまな写真が表示される。見たい写真をタップ。

3 拡大される。「×」をタップして戻る。

🎈 Hint

写真を共有するには

　写真は一般ユーザーが投稿したものです。もし他の人に写真を見せたい場合は、手順3の画面下部にあるボタンを横にスワイプし、「共有」をタップしてメールやLINEで送ってください。スクリーンショットは使わず、正しい方法で送りましょう。

04-05

航空写真で周囲の様子を見る

遠方で行けない場所の地形の確認にも便利

「航空写真」は、航空機に搭載したカメラを使って空から撮影した写真を組み合わせた地図です。標準の地図では建物の色や高さがわかりづらいですが、航空写真に切り替えることで周辺の様子を把握できます。

航空写真で表示する

1 右上の ◈ をタップ。「航空写真」をタップし、右上の×をタップ。

🐾 Hint

地形の地図を表示するには

手順1で「地形」をタップすると、色や影で地形がわかる地図を見ることができます。

2 航空写真が表示された。◈ をタップし、「デフォルト」をタップして戻す。

🐾 Hint

災害時のアラート

地震、洪水、台風などの災害が起きたとき、マップ上に印が表示されます。通行止めも表示されるので、避難する際はGoogleマップで確認しましょう。

04-06

レストランやガソリンスタンドを探す

慣れない場所でも打ち合わせの店をサッと決められる

出張先で食事をとりたいとき、知らない土地でお店を探すのは意外と大変です。特に時間が制約されているときには手際よく見つけたいはずです。Googleマップでは、料理の種類や予算に適したお店を簡単に調べることができます。

レストランを検索する

1 検索ボックスの下にある「レストラン」をタップすると近隣のレストランやカフェがわかる。

2 「料理の種類」をタップ。

⚠ **Check**

現在地周辺の店舗を探す場合

　今いる場所の周辺店舗を探す場合は、SECTION04-02の方法で現在地を表示させてからここでの操作をおこなってください。

⚠ **Check**

コンビニを探す場合

　同様に、検索ボックスの下にある「コンビニ」をタップして表示できます。

3 種類を選択し、「完了」をタップ。

1 タップ

2 タップ

4 「現在営業中」をタップすると、現在営業中のレストランのみが表示される。検索ボックスの「×」をタップして戻る。

1 タップ

2 タップ

1 横にスワイプして「もっと見る」をタップ。

1 スワイプ

2 タップ

2 カテゴリを選択。ここでは「ガソリン」をタップ。

1 タップ

3 ガソリンスタンドが表示される。

04

カーナビやお店の検索もできるGoogleマップを活用しよう

04-07

訪れた場所のクチコミを見たり、投稿したりする

どのお店や病院に行くか迷っているときにクチコミが役立つ

Googleマップでは、店舗や施設のクチコミを閲覧できます。また、訪れた感想を誰でも投稿することが可能です。ただし、誹謗中傷や営業妨害と見られるクチコミもあるので、そのような投稿をしないようにしましょう。

お店の感想を投稿する

1 SECTION04-04の手順2の画面で「クチコミ」タブをタップ。

2 スワイプしながらクチコミを読める。評価を付けるには上部の星をタップ。

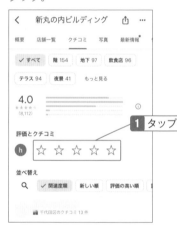

3 感想や写真などを追加し、「投稿」をタップ。

🔎 Hint

クチコミの並べ替え

手順2の画面で、「新しい順」や「評価の高い順」のボタンをタップして、クチコミの並べ替えができます。

04-08

道路の渋滞情報を見る

渋滞しがちな場所に向かうときにチェックする

取引先や観光地に車で行く際、できるだけ渋滞を避けたいものです。Google マップでは、交通状況を確認することができ、渋滞している箇所が赤色で表示されるのですぐに把握できます。渋滞を避けて時間を効率的に使いましょう。

交通情報を表示する

1 検索ボックスを空欄にして右上の ◈ をタップし、「交通状況」タップ。

2 渋滞している道路は赤色、少し混雑は黄色、渋滞なしは緑色で表示される。◈ をタップし、「交通状況」をタップして戻す。

⚠ Check

工事中や通行止めの場合

工事中や通行止めの箇所には印が付きます。車での移動時にはチェックするとよいでしょう。

04-09

目的地までの経路を調べる

現地までのルートが複数あり、どのルートが良いか迷うときに

行ったことがない営業先に行く際、複数の行き方があると、どのルートで行けばよいか迷うでしょう。Googleマップなら、出発地と目的地を入力するだけで最適な道順を教えてくれます。もちろん、現在地からのルート検索も可能です。

車での行き方を調べる

1　右下の◆をタップ。

2　出発地と目的地を入力。

⚠ Check

現在地から出発する場合

SECTION04-02の方法で現在地を表示している場合、出発地に「現在地」が表示されているので入力する必要はありません。

3 自動車をタップすると車での経路が表示される。下部には目的地までの時間と距離が表示される。「道順」をタップ。

1 タップ

2 タップ

1時間7分　（83 km）
交通状況を反映した現時点の最速ルート
🚗 有料道路

» ガイド　≡ 道順　📌 固定

⚠ Check

目的地を地図上から選ぶには

　地図上で目的地を長押しすると、下部に「経路」ボタンが表示されるので、タップすると検索画面に変わります。

---

4 道順が表示される。「地図を表示」をタップすると地図に戻る。

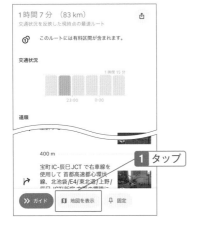

1時間7分　（83 km）
交通状況を反映した現時点の最速ルート

🚗 このルートには有料区間が含まれます。

交通状況

1時間15分

23:00　　0:00

道順

400 m

宝町 IC-辰巳 JCT で右車線を使用して首都高速都心環状線、北池袋/E4/東北道/上野/...

1 タップ

» ガイド　🗺 地図を表示　📌 固定

高速道路を使わず一般道を使う

1 …（Androidは ⋮ をタップし、「オプション」をタップ。

1 タップ

2 タップ

🔀 オプション

⊕ 経由地を追加

↻ 更新

🕐 出発または到着時刻を設定

⏰ 出発時間の通知を設定

📤 ルートを共有

ⓘ この結果について

✕ キャンセル

---

2 「有料道路を使わない」と「高速道路を使わない」をオンにし、左上の「<」（Androidは「×」）をタップ。

10:51

< 　　移動オプション

2 タップ

有料道路を使わない

高速道路を使わない

フェリーを利用しない
徒歩、自転車、車のモードの場合

1 タップ

通行証料金を表示
各有料道路（利用可能な場合）の標準的な通行料金に基づく概算額が表示されます

経路に中継地を追加する

複数の取引先を効率的に回りたいときに

一日に複数の取引先を車で回るときもあるでしょう。事前に経由地を含めたルート検索をしておくと、予定を組みやすくなります。最大9か所の経由地を追加することが可能です。経由地の順序はドラッグ操作で簡単に入れ替えができます。

経由地を追加する

1 車での経路を表示した状態で（SECTION04-09）、出発地の右端の…（Androidの場合は⋮）をタップ。

2 「経由地を追加」をタップ。

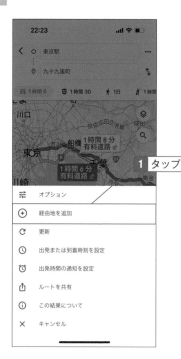

> **⚠ Check**
>
> **経由地の追加**
>
> 　経由地を追加できるのは、車と徒歩、自転車の場合です。電車で行く場合は、経由先までのルートで検索してください。

3 「B」に経由地を入力し、ドラッグして立ち寄る順序に入れ替える。

1 入力

2 ドラッグ

4 できたら「完了」をタップ。

1 タップ

5 下部の所要時間をタップ。

1 タップ

6 ルートが表示される。「地図を表示」をタップすると地図に戻る。

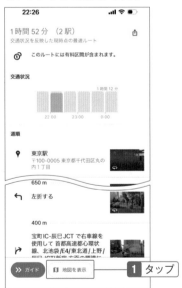

1 タップ

> ⚠ **Check**
>
> **経由地を変更するには**
>
> 経由地を追加後、画面右上にある … をタップし、「経由地の編集」をタップして別の場所に変えることができます。

04

カーナビやお店の検索もできるGoogleマップを活用しよう

83

電車の時刻を指定して行き方を調べる

会社から取引先までドアツードアでの経路を調べたいとき

「新橋の会社に11時に行くことになった」というとき、どのルートで何時の電車に乗ればよいかを調べることが可能です。「乗換案内」アプリを使わなくても、Googleマップなら地図と一緒に調べられます。旅行前に、日にちを指定して検索することも可能です。

電車の到着時刻を指定する

1 経路を表示し（SECTION04-09）、「電車」をタップして「出発時刻」をタップ。

2 到着時間を指定するので「到着」をタップ。その後ドラッグして時間を指定する。

⚠ Check

現在時刻や出発時刻で検索するには

今から電車に乗るという場合は、手順2で「現時刻」をタップして検索します。また、11時台の電車に乗りたいというときは、「出発」をタップして時間を指定してください。

3 設定したら「完了」をタップ。

1 設定

2 タップ

キャンセル　　　　完了

4 ルートの一覧が表示されるのでタップ。

1 タップ

5 行き方が表示されるので、上方向にスワイプ。

1 スワイプ

6 確認したら下方向にスワイプ。「<」(Androidは「←」)をタップして戻る。

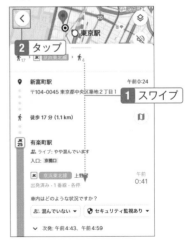

2 タップ

1 スワイプ

Hint

電車やバスの時刻表を見るには

手順6で、駅名やバス停をタップすると時刻表を見ることができます。

04

カーナビやお店の検索もできるGoogleマップを活用しよう

バスの経路を調べる

電車の乗り換えなしで行きたいときやタクシーを使わずにバスで行く場合

電車で行く場合は乗り継ぎがあるので、荷物が多いときは負担になります。高速バスが通っていれば利用するとよいでしょう。また、経費節約のために、タクシーではなくバスを使うこともあるので、バスを優先して調べる方法を覚えておきましょう。

バスを優先にして検索する

1 SECTION04-11のように電車でのルートを表示させた後、「オプション」（Androidは「移動手段」）をタップ。

2 「経路オプション」（画面で「バス」）をオンにして「＜」（Androidは「×」）をタップ。

3 ルートや運賃が表示される。

Hint

好みのルートを探すには

手順2にある「経路オプション」で、「乗換が少ない」「徒歩が少ない」「料金が安い」などを選択して検索することも可能です。

駅から徒歩何分かを調べる

時間の計測だけでなく、道に迷ったときにも役立つ

「バスが来ないので目的地まで歩くことにしたが、予想以上に時間がかかった」という場面はよくあります。Googleマップを使えば、徒歩で何分かかるかがわかります。所要時間だけでなく、道順もわかるので、知らない土地でも道に迷うことはありません。

徒歩での時間とルートを調べる

1 SECTION04-09のようにルートを表示させた後、「徒歩」タブをタップするとルートがわかる。「道順」をタップ。

2 道順の詳細が表示される。「地図を表示」をタップして戻る。

💡 **Hint**

徒歩で迷わないようにするには

SECTION04-18では、「ライブビュー」という実際の場所を映し出しながら案内してくれる機能を紹介します。道に迷ったときに活用してください。

💡 **Hint**

自転車での所要時間を調べるには

手順1で「自転車」タブをタップすると自転車での所要時間がわかります。坂道や通行止めなどもわかるので便利です。

04-14

スマホをカーナビにする

出張先のレンタカーでカーナビの使い方が分かりづらいときに

カーナビが古いと、新設した道路が表示されないため、正確なルート案内ができないことがあります。また、レンタル車のカーナビの使い方がわからないときもあるかもしれません。そのようなとき、スマホがあればGoogleマップをカーナビとして使えます。

Googleマップナビを使う

1 出発地を現在地にして目的地の地図を表示する（SECTION04-02）。車になっていることを確認し、「開始」（Androidは「ナビ開始」）をタップ。マップナビについてのメッセージが表示された場合は「OK」をタップ。

2 案内が始まるので、音声をオンにする。

3 終わりにするときは「終了」（Androidは「×」）をタップ。

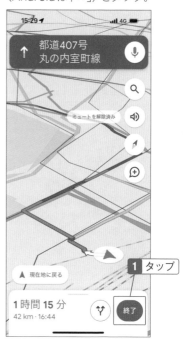

⚠ Check

音声が聞こえない

　ミュート（消音）になっていると音声が聞こえません。手順2で🔇をタップして🔊をタップします。

航空写真でナビを使う

1. 下部の所要時間をタップ

2. 「設定」をタップ（Androidの場合は下部の所要時間をタップした後「地図に航空写真を表示」をオン）。

3. 「地図に航空写真を表示」をオンにする。

4. 航空写真でナビが使える。

04-15

過去に訪れた場所や移動経路を見る

その日の自分の行動を振り返りたいときに

1日に複数の場所を訪れると、どの場所を訪れたのかが混乱してしまい、わからなくなることがあります。そのような場合、履歴を確認すればいつどこに何時間いたかを調べることができます。また、「財布を落とした！」「どこかに書類を置いてきた！」といったときにも役立つかもしれません。

タイムラインを有効にする

１ 検索ボックスを空欄にしてアイコンをタップし、表示されたメニューで「タイムライン」をタップ。

⚠ Check

はじめてタイムラインを使うときは

タイムラインをタップすると、ロケーション履歴を有効にする画面が表示されるので、「オンにする」(Androidの場合は「有効にする」)をタップします。また、位置情報もオンにしましょう。

行動履歴を表示する

１ 「今日」をタップして日付を選択。

２ 行動履歴が表示される。

自宅や職場にラベルを付ける

ルート検索の際に便利なラベル

ルート検索をする際に、毎回自宅や職場を入力するのは面倒です。そのような場合にラベルを使いましょう。検索ボックスに入力しなくても、タップするだけで設定できます。ラベルは非公開なので、他の人に知られることはありません。

ラベルを設定する

1　ラベルを付ける場所を長押しして表示し、スワイプして「ラベルを追加」をタップ。

2　ラベル名を入力し、「完了」をタップ。

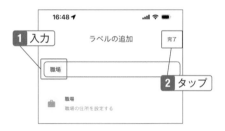

3　検索ボックスの下にラベルが表示され、タップして入力できる。

⚠ Check

「ラベルを追加」が見当たらない場合

　店舗名や商業施設の場所は、「ラベルを追加」が表示されないことがあります。その場合は、店舗名をタップし（SECTION04-04の手順1）、右上の⋯（Androidの場合は⋮）をタップして「ラベルを追加」をタップします。

⚠ Check

ラベルを削除するには

　作成したラベルは、画面下部の「保存済み」をタップすると、「ラベル付き」に表示されます。削除する場合は、ラベルの⋯（Androidは⋮）をタップして「ラベルを削除」をタップします。

04-17

実際の場所に立っている気分で移動する

似たようなビルが多い場所で、目的地の外観を知りたいときに

似たような規模の建物が多い場所では、地図だけで判断がしづらく、建物の色や高さなどを参考にしたいときがあります。そんなときはストリートビューに切り替えてみましょう。周囲の風景がそのまま表示されるので、目的の場所が見つかりやすくなります。

ストリートビューを表示する

1 右上の ◈ をタップして「ストリートビュー」をタップし、「×」をタップ。

📋 Note

ストリートビューとは

ストリートビューは、リアルな写真で場所が表示される機能です。場所によっては建物内も見られます。なお、地図の左下にあるサムネイルをタップしてもストリートビューが表示されます。

2 ストリートビューの対象地域は青い線で表示される。青い線上をタップ。

3 「＜」と「＞」をタップするか、進行方向をダブルタップして進む。左上の「＜」（Androidは「←」）をタップ。◈ をタップし、「ストリートビュー」をタップしてオフにする。

04-18

ライブビューで実際の場所を映しながら移動する

周囲の建物の名称を確認しながら目的地に行ける

ライブビューを使うと、実際の風景をスマホに映し出しながら目的地まで案内してくれます。曲がり角や目的地に近くなるとスマホが振動するので、行き過ぎてしまうことがありません。なお、手でかざす操作なので、車の運転中は使わないようにしましょう。

04

カーナビやお店の検索もできるGoogleマップを活用しよう

ライブビューを使う

1 現在地を出発地にしてルート検索し、画面下部の「ライブビュー」をタップ。カメラへのアクセスについては許可する。

2 画面に映し出しながら移動する。曲がり角や目的地に到着するとスマホが振動する。スマホを下に向けると元の地図が表示される。

⚠ Check

ライブビューが使えない

ライブビューに対応していない場所では使えません。また、画面右上のプロフィールアイコンをタップし、「設定」→「ナビ」(Androidは「ナビの設定」)→「ライブビュー」がオンになっているかを確認してください。

📋 Note

ライブビューとは

ライブビューはAIとARを使用した機能で、路上でスマホをかざしながら周囲にあるものを目印にして移動できます。映し出す際は、人や木ではなく、向かい側にある建物や標識を映してください。また、電池を消耗するので、残量が少ないときにはルート確認をしたらライブビューを終了しましょう。

バーチャル画面で道を案内してもらう

AI機能でリアルな地図を使える

イマーシブビューは、AIを使った最新機能です。バーチャル画面で建物を上空から眺めたり、入口の場所などを確認することができます。天気や気温を見ることも可能です。行ったことがない場所を探検できるのでぜひ試してください。

イマーシブビューを使う

1 徒歩でルートを検索し、左下のサムネイルにイマーシブビューのアイコン📷がついていたらタップ。

2 3Dの地図が表示される。再生が始まりルートを確認できる。下部のボタンで停止、早送りや巻き戻しが可能。

📓 Note

イマーシブビューとは

　イマーシブビューは、AIを利用し、ストリートビューの画像と航空写真を組み合わせて表現した地図です。天気や交通状況、混雑状況なども表示することができます。執筆時点では、一部の地域でのみ使用可能です。場所によっては、場所名の下に写真と一緒に「イマーシブビュー」が表示されていることがあり、タップして表示できます。

3 実際に歩いているように移動し始める。画面上をドラッグしてさまざまな角度から見ることが可能。右端の気温をタップ。

`1 タップ`

4 日付をタップして曜日を選択。

日曜日
土曜日
金曜日
明日
今日

今日 9:48 ▲

`2 タップ`

`1 タップ`

5 スライダをドラッグして一日の景色で見られる。

12℃

`1 ドラッグ`

今日

🔍 **Hint**

ストリートビュー、ライブビュー、イマーシブビュー

ストリートビューは、Googleのカメラ搭載車で撮影された実際の写真を使った地上でのビューです。ライブビューは、スマホのカメラで実際の場所を映し、ARを使用するビューです。イマーシブビューはAIと複数の画像を組み合わせて生成されたもので、上空からも見ることが可能です。ストリートビューはサムネイルに矢印が表示されていますが、イマーシブビューはサムネイルに立方体が表示されています。

▲ストリートビュー

▲イマーシブビュー

04-20

他の人に待ち合わせ場所の地図を見せる

説明の難しい場所や、似たような名前の建物が多い場所での待ち合わせに

初対面の人との打ち合わせや、説明のしづらい場所で待ち合わせをする場合は、地図を渡した方が確実です。紙に印刷するのではなく、メールやLINEで送りましょう。相手はタップするだけで地図を見ることができます。

他のユーザーと場所を共有する

1 待ち合わせ場所を長押ししてピンを置き、ピンをタップ。続いて「共有」をタップ。または「経路」のボタンを横にスワイプして「共有」をタップ。

2 メールやLINEなどで送る。

⚠ Check

場所の共有

　待ち合わせ場所を知らせたいとき、地図の画像（スクリーンショット）を送った場合、相手はルート検索ができません。ここでのように共有を使えば、送られてきたリンクをタップするとGoogleマップが開くので、ルートを調べたり、スワイプして周辺の地図を見ることができます。

お気に入りの場所を登録する

住所を覚えづらい取引先に再訪問するときに役立つ

一度訪れている取引先でも、場所をよく覚えていなかったり、道に迷ったりすることもあります。わかりにくい場所は登録しておきましょう。急用で訪問先に行くことになったときにも、冷静に対応できるので役立ちます。

場所を保存する

1 登録する場所を検索するか、長押ししてピンを置き、「保存」をタップ。

3 「保存済み」になった。

4 画面下部の「保存済み」をタップし、「スター付き」をタップすると表示される。「スポット」をタップして戻る。

2 「スター付き」をタップ。複数選択も可能。その後「完了」をタップ。

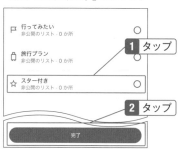

04-22

タクシーを探して呼ぶ

どこにタクシーがいるのかがひと目でわかり、乗車もできる

バスが来ない場合やタクシーが見つからない場合、Googleマップを利用すればタクシーの位置を確認できます。そして、そのタクシーを呼ぶことができます。タクシー配車サービスを使うのでアプリのインストールが必要です。

GOアプリでタクシーを手配する

1 SECTION04-09と同様にルートを表示させた後、「タクシー」をタップすると、タクシーがいる場所と待ち時間が表示される。

2 配車サービスを選択。ここでは「GO」をタップし、「アプリを開く」をタップ。

📋 **Note**

DiDi、GO、S.RIDE

　3つともタクシー配車サービスで、DiDiは中国のdidi（滴滴出行）、GOは日本のGO株式会社、S.RIDEはS.RIDE株式会社が提供しています。執筆時点では、利用エリアが広いのはGOです。それぞれ専用アプリが必要なので、インストールしていない場合は、「アプリを開く」をタップした後に表示される画面からインストールし、登録手続きをおこなってください。

▲アプリをインストールしてない場合はインストールして手続きする

3 「開く」をタップ。

4 ピンをドラッグして乗車する場所に置き、目的地を入力。

5 運賃と時間を確認し、「タクシーを呼ぶ」をタップ。

6 手配した。

04-23

ネットに接続しないで地図を見る

通信代を抑えたいときや頻繁に同じ地図を見るときに

「インターネットがつながらない」あるいは「接続が安定しない」といった場所でGoogleマップを使いたいときはオフラインマップがあります。ただし、ダウンロードに時間がかかり、容量も大きいのでWi-Fi環境での操作をおすすめします。

オフラインマップを使う

1 検索するか、地図上を長押ししてピンを置き、ピンをタップ。

2 …（Androidは ⋮ をタップし、「オフラインマップをダウンロード」をタップして、「ダウンロード」をタップ。

3 画面右上のプロフィールアイコンをタップし、「オフラインマップ」をタップした画面から開ける。

📖 Note

オフラインマップとは

　インターネットに繋がずに使える地図のことです。ダウンロードしたオフライン マップは有効期限があり、期限が15日以内になると、Wi-Fi接続時に自動的に更新が行われます。

Gmailでメールを
一本化してどこからでも
やり取りしよう

Gmailは、とても便利なメールサービスです。Gmailを使う
と、「会社のメールは会社のパソコンで使う」「プロバイダーの
メールは自宅のパソコンで使う」といった使い方をする必要が
なくなります。いろいろなメールをGmailに集約し、会社、自
宅、通勤電車、カフェ、公園・・・いつでもどこでもいろいろ
なメールを読んだり、送ったりできるようにしましょう。

05-01

Gmailアプリを使う

スマホなら外出先でもメールチェックができる

スマホのGmailアプリは、比較的シンプルなアプリですが、メールを快適に読める機能がたくさんあります。どこにいてもメールチェックができてとても便利になるので、まだ利用していない人はぜひ試してください。

Gmailアプリを使用できるようにする

1 「Gmail」アプリをインストールし、「Gmail」をタップ。Androidの場合ははじめからインストールされている。

2 「ログイン」をタップしてGoogleアカウントでログインする。Androidの場合はすでに登録しているGoogleアカウントでログインできる。

📖 Note

Gmailとは

　Gmailは無料のメールサービスです。大容量のメールを保存でき、目的のメールを素早く抽出できます。また、Google のアドレスだけでなく、会社やプロバイダーのアドレスもGmailに集約させて、一つの画面でメールチェックが可能です。

3 オンになっていることを確認して「完了」をタップ。

2 タップ

1 確認

4 Gmailの画面が表示された。

❶ ☰ : タップするとメニューを表示する
❷ メールを検索するときに使う
❸ アカウントの管理やアカウントの追加ができる
❹ 受け取ったメールが一覧表示される。タップするとメールが開く
❺ タップしてメールを作成する
❻ タップするとメールを選択できる

💡 Hint

パソコンでGmailを使うには

パソコンの場合は、Googleのトップページ (https://www.google.co.jp) の「Gmail」をクリックするか、「https://mail.google.com/」にアクセスします。

▲パソコン版Gmail

05-02

メールを送受信する

会社で途中まで書いたメールを外出先で仕上げて送れる

Gmailでのメールの送信方法は難しくないので、試しに送信してみましょう。また、メールを入力している途中で外出する時間になっても大丈夫です。下書きとして保存しておき、外出先で続きを入力して送ることができます。

メールを作成して送信する

1 「作成」をタップ。

2 宛先、件名、本文を入力し、▷をタップ。

3 メールが送信される。送信を止める場合は直後に「元に戻す」をタップ。

⚠ Check

宛先の入力

　宛先欄に名前やメールアドレスを入力し始めると、最近メールを送信した人や連絡先に登録した人が候補として表示されます。タップすると簡単に入力できます。

下書きを保存する

1 メールを書きかけの状態で「×」（Androidの場合は「←」）をタップ。

2 メールの作成画面で左上の ≡ をタップ。

3 「下書き」をタップ。

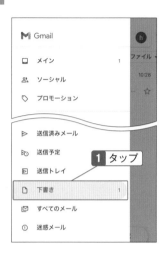

4 下書きのメール一覧が表示されるので、タップするとメールの続きを入力できる。

💡 Hint

パソコンでメールを送信するには

パソコンのGmailの場合は、左上の「作成」ボタンをクリックすると、新規メッセージ画面が表示されます。入力したら「送信」ボタンをクリックします。

⚠️ Check

メールアドレスを間違えた場合

宛先欄をタップしてメールアドレスをタップし、「削除」をタップして修正してください。

05-03

メールに返信する

外出先でメールを読んで返信する

ビジネスでは、他社からのメール、社内のメール、さまざまなメールが届くと思いますが、急ぎのメールはもちろん、その他のメールもなるべく早く返信した方がよいです。Gmailならどこにいてもすばやく返信できます。

返信文を入力して送信する

1	届いたメールを開き、差出人の右端にある ↩ をタップ。あるいはメールの下部にある「返信」をタップ。

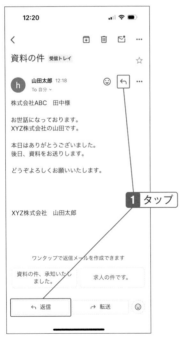

2	本文を入力し、▷ をタップすると送信される。

⚠ Check

宛先が複数入っているメールの返信

複数の人に送られたメールの場合は、…（Androidの場合は⋮）をタップすると「全員に送信」が表示されるのでタップして全員にメールを送れます。

05-04

他の人にメールを転送する

自分に届いたメールの内容をそのまま他の人に知らせる場合に

上司と一緒に打ち合わせに行くことになっていて、先方から日時変更のメールが届いたとします。そのメールの内容を上司に送るとき、メールの文章をコピーアンドペーストする必要はありません。転送を使えば簡単に送れます。

転送メッセージを入れて送信する

1 届いたメールを開いたら、差出人の右端にある … をタップして「転送」をタップ。

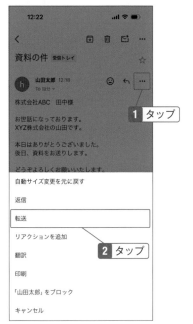

2 件名に「Fwd：」が付き、「転送メッセージ」の下に元のメールの内容がある。宛先と文章を入力し、▷ をタップ。

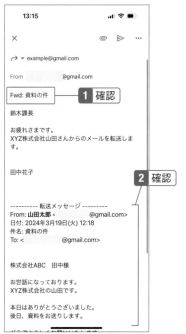

⚠ Check

第三者にメールを送るには

ある人から送られてきたメールの内容を別の人に送りたいときは転送を使います。転送を使うと、元のメールの内容が「転送メッセージ」として入ります。

05-05

メールを未読にする

重要なメールをしばらく目につくようにしたい場合に

メールに書いてあった内容を後で行う必要があるときや、しばらくの間目につくようにしておきたい重要なメールは、読んだ後に未読に戻しましょう。未読は太字なので目立ちます。また反対に、未読のメールを既読にすることも可能です。

既に読んだメールを未読の表示にする

1 送信者のプロフィール画像をタップしてチェックを付け、✉をタップ。

2 太字になり、未読のメールになる。

💡 Hint

開いているメールを未読にするには

メールを開いて✉をタップしても未読にできます。

⚠️ Check

既読にするには

反対に既読にするには、プロフィール画像をタップし、✉をタップします。

メールを検索する

特定の相手や話題のメールを探したいときに

たとえば、「新企画についてのメールが来ていたが、他のメールに埋もれてしまって見つからない」といったことがあります。そのようなときは、検索機能を使ってみましょう。「新企画」で検索すればすぐに見つかります。

キーワードでメールを探す

1 上部の検索ボックスをタップ。

2 キーワードを入力すると候補一覧が表示される。キーボードの「検索」（Androidの場合は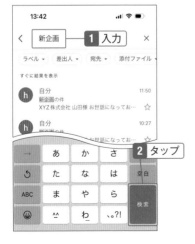）をタップ。

3 メールが抽出される。検索ボックスの下のボタンで絞り込める。

💡 Hint

パソコンのGmailでメールを検索する

パソコン版のGmailの場合は、上部の「検索」ボックスにキーワードを入力して検索できます。さらに、検索ボックスの▣をクリックすると、期間を指定して検索することも可能です。

メールを削除する

必要なメールが不要なダイレクトメールなどに埋もれてしまうときに

Gmailは大容量なので、メールを削除する必要はありません。ですが、ダイレクトメールなど必要のないメールが多くて、大事なメールが埋もれがちなときは削除してもよいでしょう。万が一、間違えて削除しても元に戻せます。

メールをゴミ箱に移動する

1 削除したいメールのプロフィール画像をタップ。

2 右上の▣をタップすると削除される。

🔋 Hint

メールを開いて削除するには

メールを開いて右上の▣をタップしても削除できます。

削除したメールを元に戻す

1
左上の ≡ をタップし、「ゴミ箱」を
タップ。

2
ゴミ箱に移動させたメールがあるの
で、元に戻したいメールをタップし
て開く。

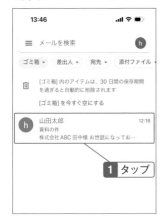

3
右上の … (Androidは ⋮) をタップ
して「移動」をタップ。

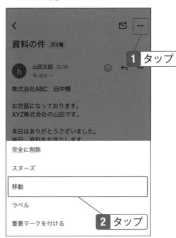

4
「メイン」をタップすると受信トレイ
に移動する。

🎈 Hint

ゴミ箱のメールを削除するには

手順2で「[ゴミ箱] を今すぐ空にする」を
タップすると、ゴミ箱を空の状態にし、メール
を完全に削除できます。なお、ゴミ箱に移動し
て30日経ったメールは自動的に削除されます。

⚠ Check

受信トレイに戻るには

ゴミ箱から受信トレイに戻るには左上の ≡
をタップし、最上部にある「メイン」をタップ
します。

05-08

メールを一度に削除する

ソーシャルとプロモーションのメールを一括削除したいときに役立つ

SECTION05-16で説明するソーシャルとプロモーションに分類されたメールをすべて削除したいという人もいるでしょう。最近のGmailアプリでは、一度に削除できるようになっています。執筆時点では、50件を超えるメールを一度に削除するには、少しコツが必要です。

メールを選択して一括削除する

1 メールを長押ししてチェックを付け、「すべて選択」にチェックを付ける。

2 メールが選択されたら、🗑をタップ。

⚠ Check

50件しか選択できない

50件を超える場合は、手順2でスワイプし、再度「すべて選択」にチェックを付けてください。繰り返し行うことで大量のメールを一度に削除できます。

後で読みたいメールに印を付ける

後で読んだり、繰り返し読むメールに

仕事が忙しいときには、メールをじっくり読んでいる時間がありません。長文のメールはなおさらです。そのようなとき、印を付けておけば、後ですぐにそのメールを開いて読むことができます。また、繰り返し内容を確認する必要のあるメールにも役立ちます。

メールに星を付ける

1 メールの右端にある星をタップ。

⚠ Check

パソコンでは黄色の星になる

　スマホのGmailで星を青色にすると、パソコンのGmail画面では黄色の星になります。スマホに届いたメールに印を付けておき、家に帰ってからゆっくり読むことが可能です。

3 左上の☰をタップし、「スター付き」をタップすると星を付けたメールのみが表示される。

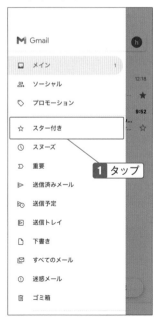

2 星が青色になる。

メールに写真やファイルを添付する

カメラロールから写真をメールで送ることもできる

仕事では、写真やファイルをメールで送ることがよくあります。たとえば「製品や物件の写真を撮って上司にメールで報告する」という場合です。写真だけでなく、PDFファイルを送ることもあるでしょう。ここではファイルの添付方法について紹介します。

撮影済みの写真を追加する

1 メール作成画面を表示し（SECTION05-02参照）、右上の 📎 をタップ（Androidは 📎 をタップして「ファイルを添付」をタップ）。

2 「すべて」をタップし、カメラロールに移動して選択する。

⚠ **Check**

メッセージが表示された

　はじめての場合は写真へのアクセスを許可するためのメッセージが表示されるので「OK」をタップします。

3 写真を添付した。

💡 **Hint**

PDFファイルなどを添付するには

　画像ファイル以外にも、PDFやExcel、Wordファイルなども同様に 📎 をタップして添付することができます。

05-11

第三者に同じメールを送る

念のため、メールの内容を知らせたい相手に

たとえば、「部下に送るメールの内容を、上司にも送っておこう」と思ったときにCcが使われます。第三者にコピーを送るイメージです。また、上司にも送っていることを部下に知らせずに送る方法もあるので一緒に覚えておくと便利です。

05

Gmailでメールを一本化してどこからでもやり取りしよう

Ccでメールを送る

1 メールを作成する。To欄（Androidは「宛先」）の「∨」をタップ。

2 「Cc」に送信先のメールアドレスを入力し、▷をタップ。

複数の人にメールを送る方法

To欄に複数のメールアドレスを入力して送ることができますが、「○○さんにも一応送っておこう」といったときにCcを使います。Ccの下にBccもあり、両者の違いは入力したアドレスが他の人のメールに表示されるかどうかです。たとえば、部下にメールを送るときに、上司のアドレスをCcに入れると、部下はそのメールを上司にも送っていることがわかりますが、Bccにすると上司に送っていることはわかりません。

05-12

迷惑メールに入ったメールを移動する

届くはずのメールが届いていないときには注意

はじめての送信者からのメールで、届くはずのメールが見当たらない場合、迷惑メールとして処理されていることがあります。そのような場合は、迷惑メールから取り出しましょう。次回以降、その送信者からのメールは迷惑メールになりません。

「迷惑メールでない」を選択して戻す

1 左上の三をタップし、「迷惑メール」をタップ。

Note

迷惑メールとは

迷惑メールは、覚えのないところから送られてくる不快なメールのことです。Gmailは、迷惑メール機能が優れているので、そのようなメールを受信トレイから除外してくれます。ただし、必要なメールが迷惑メールに入ってしまうこともあるので、その場合は受信トレイに移動させてください。

2 迷惑メールが表示される。メールをタップ。

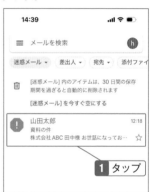

3 「迷惑メールではないことを報告」をタップ。

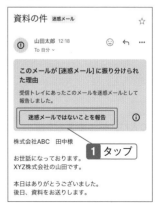

読み終わったメールをアーカイブする

もう必要はないが、削除はしたくないメールに使用する

受信トレイにメールがたくさんあると、新着や未読のメールがわかりにくいことがあります。「アーカイブ」という機能を使い、削除したくないメールを受信トレイから見えなくして、探しやすい状態にしておきましょう。

メールを受信トレイから移動する

1 メールを左方向へスワイプ。

2 アーカイブされた。

3 左上の ☰ をタップし、「すべての メール」から開ける。

📋 Note

アーカイブとは

受信トレイから「すべてのメール」へ移動させる操作を「アーカイブ」といいます。読み終わったメールはアーカイブしておくと受信トレイを綺麗な状態にしておくことができます。アーカイブはメールを削除するわけではないので、読みたいときはいつでも取り出しが可能です。

05-14

外国語で書かれたメールを翻訳して読む

海外の相手とメールでやり取りするときに便利

海外の人と仕事をすると、外国語で書かれたメールを読むことになりますが、Gmailには、外国語のメールの内容を翻訳してくれる機能があります。英語以外の言語にも対応しているので積極的に利用しましょう。

英文のメッセージを翻訳する

1 メールを開き、「日本語に翻訳」を
タップ。

2 翻訳された。

Hint

他の言語で翻訳したい

手順2の画面右にある ⚙ をタップした画面で、他の言語を選択できます。

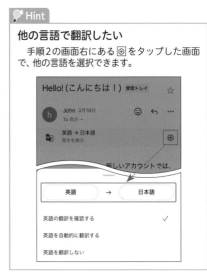

指定した日時にメールを
受信トレイに表示させる

指定した日時に受信トレイの最上部に表示できる

次から次へとメールが届くと、後で対応しようと思ったメールが埋もれてしまい、うっかり忘れてしまうことがあります。そのようなときには「スヌーズ」という機能を使って、受信トレイの目立つ位置に表示させましょう。

スヌーズを設定する

1 メールを開き、右上外側の … をタップして「スヌーズ」をタップ。

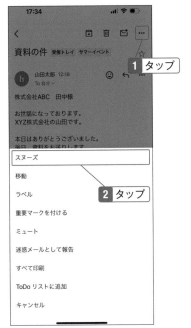

1 タップ

2 タップ

📋 **Note**

スヌーズとは

一時的にメールを受信トレイから非表示にし、指定した時間になると受信トレイの最上部に再表示させる機能のことです。スヌーズを使えば、大事なメールに対応するのを忘れることを防ぐことができます。

2 再表示させる日時を指定する。指定した時間になると受信トレイの先頭にメールが表示される。

1 設定

💡 **Hint**

スヌーズを変更・解除するには

左上の ≡ をタップし、「スヌーズ」をタップします。メールを開き、設定時と同様に、右上外側にある … をタップして「スヌーズ」を選択して日時を変更しましょう。取り消す場合は、右上外側の … をタップし、「スヌーズを解除」をタップします。

お知らせや宣伝メールを区別する

宣伝等を、毎回消したり移動したりするのが面倒なとき

メールを使っていると、宣伝やお知らせのメールが届くようになり、仕事のメールが埋もれてしまいがちです。Gmailでは、宣伝のメールやSNSからのメールを区別して読むことができます。なお、ソーシャルとプロモーションが表示されていない場合は、このページのCheckを参照してください。

ソーシャルやプロモーションのメールを見る

1 左上の☰をタップ。

2 「ソーシャル」または「プロモーション」をタップするとメールが表示される。

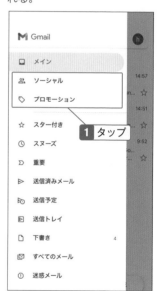

📓 Note

ソーシャルとプロモーションとは

　Gmailでは、宣伝やお知らせなどのメールと通常のメールを分けることができます。「ソーシャル」は、FacebookやTwitterなどのSNS（ソーシャルネットワーク）からのメールで、「プロモーション」は宣伝やクーポンなどのメールです。これにより、通常のメールが宣伝などのメールに埋もれることがなくなります。

⚠ Check

ソーシャルとプロモーションが表示されない

　SECTION05-01で「スマート機能」をオンにしなかった場合は表示されません。その場合は、手順2の下部にある「設定」→「データのプライバシー」→「スマート機能とパーソナライズ」のスライダをタップしてオンにし、「完了」をタップしてください。

3 ソーシャルやプロモーションのメールを見ることができる。

💡 **Hint**

ソーシャルやプロモーションのメールを受信トレイに戻すには

　メールを開き、右上外側の … をタップして「移動」→「メイン」をタップします。

メールをソーシャルへ移動する

1 メールを開き、右上の … (Androidの場合は ⋮) をタップして「移動」をタップ。

2 「ソーシャル」または「プロモーション」をタップするとメールが移動する。そのアドレスからのメールは次回以降「ソーシャル」または「プロモーション」に入る。

💡 **Hint**

パソコンのGmailでソーシャルやプロモーションを区別するには

　パソコン版のGmailの場合は、上部のタブで「ソーシャル」や「プロモーション」を切り替えられます。メールを移動するときには、それぞれのタブにドラッグするだけです。

▲パソコン版では、メールを「ソーシャル」タブにドラッグして移動できる

05

Gmailでメールを一本化してどこからでもやり取りしよう

05-17

不在時にメールを自動返信する

急ぎのメールが届いても見られないとき、受信したことだけでも知らせておきたい

たとえば、商品の問い合わせのメールに返信できない環境にあるとき、送った相手は返信が来ないことで困るかもしれません。そのようなときに、「返信できません」「後ほど返信します」などのメールを自動的に送る方法があります。

不在通知の設定をする

1　左上の☰をタップし、スワイプして下部の「設定」をタップ。

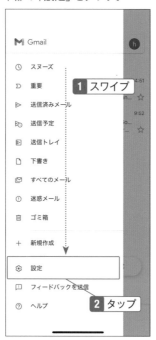

2　スワイプして「不在通知」をタップ。複数のメールアドレスを入れている場合はアドレスをクリックしてから選択。

📄 Note

不在通知とは

インターネットが使えない場所にいてメールを使えないときには、不在通知を設定しておきましょう。「出張中です」「返信できません」などのメールを自動的に送ることができます。

3 「不在通知」のスライダをタップして
オンにする。

Hint

知り合いだけに不在通知を送るには

知らない人へ自動返信してしまうと困る場合は、手順4で「登録済みの連絡先にのみ送信」（Androidは「連絡先にのみ送信」）をオンにすると、登録している連絡先にのみ送ることができます。

4 不在の期間とメールに入れる件名と不在についてのメッセージを入力し、「保存」（Androidの場合は「完了」）をタップ。

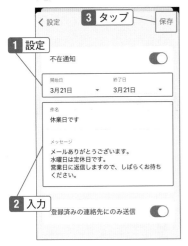

5 不在通知を設定した。「完了」（Androidの場合は「←」）をタップして戻る。

05

Gmailでメールを一本化してどこからでもやり取りしよう

Hint

パソコン版Gmailで不在通知を使うには

パソコンのGmailの場合は、右上の⚙をクリックして「すべての設定を表示」をクリックします。「全般」タブの「不在通知ON」をクリックし、不在期間を設定します。最後に、最下部にある「変更を保存」をクリックするのを忘れないようにしましょう。

123

05-18

メールの末尾に氏名や住所を自動的に入れる

モバイル用の署名を入れられる

通常、メールの末尾には自分の名前や会社名などを入れますが、メールを作成するたびに入力するのは面倒です。「署名」を使うと、氏名や会社名を自動的に入れることができるので便利です。ただし、モバイル用の署名なので、パソコンで使う署名はパソコンで設定してください。

署名を設定する

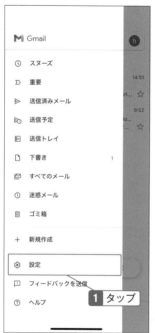

1 左上の ☰ をタップし、「設定」をタップ。

2 スワイプして「署名設定」（Androidの場合は「モバイル署名」）をタップ。複数のメールアドレスを入れている場合はアドレスをタップしてから選択。

📓 Note

署名とは

メールに入れる氏名やメールアドレスなどのことです。Gmailでは、毎回手入力しなくても自動的に挿入できます。

📓 Note

スマートリプライとは

手順2にあるスマートリプライは、返信文の候補を表示してくれる機能です。「スマート機能とパーソナライズ」（SECTION05-16Check参照）がオンの場合に有効にできます。

3 「モバイル署名」をタップしてオンにし、氏名や住所などの署名を入力する。できたら「完了」をタップして戻る。

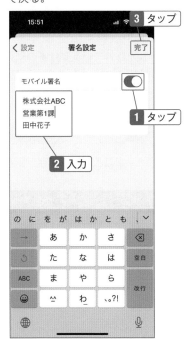

4 新規作成画面を表示すると、署名が追加されている。

Hint

パソコンのGmailで署名を使うには

パソコンのGmailの場合は、右上の ⚙ をクリックし、「すべての設定を表示」をクリックします。「全般」タブにある「署名」で「新規作成」をクリックして設定します。

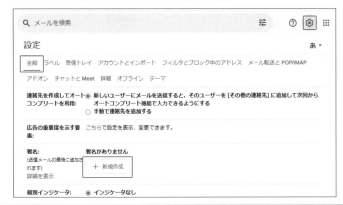

メールをラベルで管理する

同じ相手や、同じ案件についてのメールだけまとめておきたい

仕事のメールを読もうとしたときに、関係のないメールが紛れていると仕事の効率が下がります。仕事のメールには「仕事」というラベルを付けて区別しましょう。スマホで作成したラベルは、パソコン版Gmailにも表示されます。

ラベルを作成する

1 画面左上の ☰ をタップし、スワイプして下部の「新規作成」をタップ。

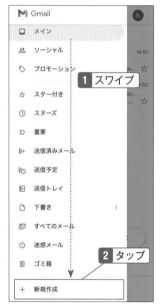

2 ラベル名を入力し、「保存」をタップ。

📓 Note

ラベルとは

「これは仕事のメール」「これはプライベートのメール」のように、メールを分類したいときに、ラベルを使います。一つのメールに複数のラベルを付けることも可能です。執筆時点では、AndroidのGmailではラベルの作成ができないので、ブラウザアプリでパソコン版Gmailにアクセスして設定してください。

⚠ Check

作成したラベルを削除するには

メニューの「設定」→「受信トレイのカスタマイズ」→「ラベル」をタップし、削除するラベルを選択して、「削除」をタップします。

メールにラベルを付ける

1 外側の ⋯ をタップし、「ラベル」(An droidは ⋮ をタップして「ラベルを 変更」) をタップ。

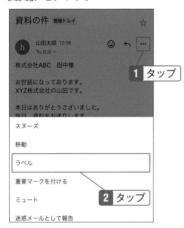

2 作成したラベル名の□をタップして チェックを付け、☑ (Androidの場 合は「OK」) をタップ。

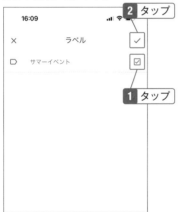

🔦 Hint

パソコンでラベルを作成するには

パソコンの場合は、画面左にある「ラベル」 の「＋」をクリックして作成できます。

ラベルを付けたメールを開く

1 左上の ⋯ をタップし、作成したラベ ル名をタップ。

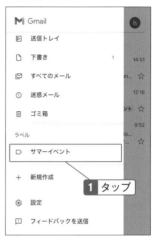

2 メールをタップすると開ける。

⚠ Check

ラベルを解除するには

メールを開き、右上の ⋯ (Androidの場合 は ⋮) をタップし、「ラベルを変更」をタップ して、ラベル名のチェックを外すとラベルを 解除できます。

05

Gmailでメールを一本化してどこからでもやり取りしよう

127

受信メールを振り分ける

受信する数や、やり取りする相手が多いときに自動でメールを整理したい

前のSECTIONでラベルを作成しましたが、メールを受信するたびにラベルを付けるとなると時間がかかります。受信と同時にラベルを付ける方法があり、自動的にメールが振り分けられるので便利です。なお、ここでの操作はiPhoneのみです。

受信時にラベルを付ける

1 SECTION05-19の方法であらかじめラベルを作成しておき、左上の≡をタップして、「設定」をタップ。

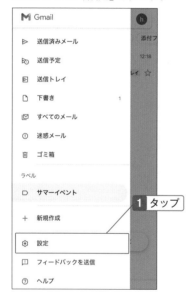

> ⚠️ **Check**
>
> ### ラベルを使ったメールの振り分け
>
> 　Gmailでは、ラベルを使ってメールの振り分けができます。たとえば、「企画会議」というタイトルのメールを受け取ったら「会議」というラベルを付けることが可能です。ただし、スマホではiPhoneのみですので、Androidの場合は、ブラウザアプリでGmailにアクセスしてパソコン版で操作してください。

2 「受信トレイのカスタマイズ」をタップ。

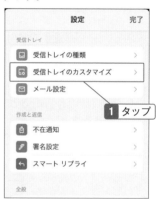

3 「ラベル」をタップ。

4 作成したラベルをタップ。

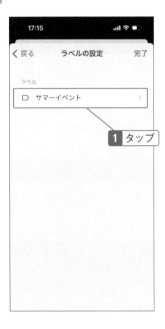

5 「追加」をタップ。

6 「条件を追加」をタップ。続いて「件名」をタップして入力し、「保存」をタップ。

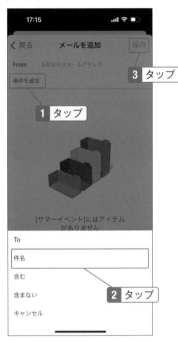

⚠ Check

特定の人からのメールを振り分けるには

手順6でFrom欄にアドレスを入力すると、そのアドレスから届いたメールに自動でラベルを付けることができます。

💡 Hint

パソコンのGmailで振り分けの設定をするには

パソコンのGmailで、右上の⚙をクリックし、「すべての設定を表示」をクリックします。「フィルタとブロック中のアドレス」タブで「新しいフィルタを作成」ボタンをクリックします。条件を指定し、「この検索条件でフィルタを作成」をクリックし、「ラベルを付ける」にチェックを付けてラベルを指定します。パソコンでの場合は、スターを付けたり、転送したりなども可能です。

05-21

メールの送信を予約する

公開する日が決まっている場合は予約送信する

Gmailでは、メールの送信予約ができる機能があります。公開日まで送信できない情報があるときや夜中に送信できないときに便利です。また、送信する予定のメールを忘れないうちに作成しておけるというメリットもあります。

指定した日時に自動送信する

■ メールの宛先や件名、本文を入力し、右上の […]（Androidは ⋮ ）をタップして「送信日時を設定」をタップ。

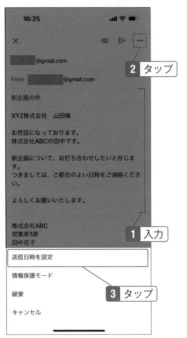

■ 送信日時を選択。一覧にない日時を指定する場合は「日付と時間を選択」をタップして設定。

予約を取り消すには

予約したメールを見るには、左上の ☰ をタップし、「送信予定」をタップします。メールを開いて、「キャンセル」をタップすると「下書き」に移動します。

05-22

メールに有効期限を設定する

パスコードを入力しないとメールを読めないようにできる

個人情報や機密事項が書かれたメールは、慎重に扱わなければなりません。Gmailには、メールを転送されたり、添付されたファイルをダウンロードされないようにする情報保護モードがあります。パスコードを設定して、そのパスコードを知らない人は開けないようにすることも可能です。

情報保護モードを設定する

1　メールの宛先や件名、本文を入力し、⋯ をタップして「情報保護モード」をタップ。

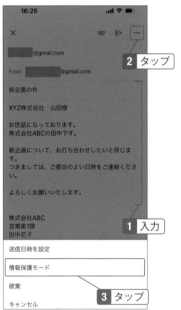

2　閲覧期限を設定して「チェック」をタップ。その後、送信する。

📄 Note

情報保護モードとは

重要なメールを保護するために、受信側が「メール本文や添付ファイルのコピー」「ダウンロード」「印刷」「転送」をできないようにする機能です。また、メールを読める期限やパスコードの設定が可能です。

💡 Hint

パスコードを使うには

パスコードを入力しないとメールを開けないようにするには、手順2の「パスコードの選択」の▼をタップして「SMSパスコード」を選択し、「不足している情報を追加」をタップして相手の携帯電話番号を入力します。受け取った相手は、電話番号を入力すると開けます。

05-23

複数のGoogleアカウントの メールアドレスを使う

仕事用とプライベート用のGmailが混ざらないようにしたい

Googleアカウントは複数取得できるので、仕事用、プライベート用と、アカウントを分けて使う人もいるでしょう。Gmailアプリに複数のアカウントを追加してメールを使用することが可能です。次のSECTIONと合わせて、さまざまなメールアドレスを追加し、一元管理しましょう。

メールアドレスを追加する

1 プロフィールアイコンをタップし、「別のアカウントを追加」をタップ。

2 「Google」をタップ。メッセージが表示されたら「続ける」をタップ。

⚠️ **Check**

新たにGmailアドレスを作成したい

手順3の画面で「アカウントを作成」をクリックして新しいGoogleアカウントを作成し、新しいGmailアドレスを取得することも可能です。

🔖 **Hint**

Google以外のメールを追加するには

ここではGmailアドレスを追加しますが、手順2でOutlookやiCloudのメールを追加することも可能です。プロバイダのメールアドレスを追加する場合は次のSECTIONを参照してください。

追加したアカウントを削除するには

手順1で「このデバイスのアカウントの管理」をタップし、「このデバイスから削除」をタップします。スライダをオフにした場合は削除せずに非表示にできます。

3 Googleアカウントにログインする。

4 右上のプロフィールアイコンを上下にスワイプするか、タップして選択で切り替えられる。

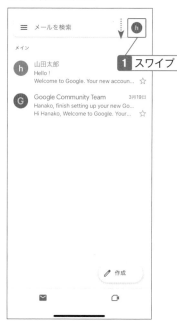

1 スワイプ

パソコンのGmailでアカウントを追加するには

パソコンの場合は、画面右上のプロフィールアイコンをクリックし、「別のアカウントを追加」をクリックして追加できます。

05

Gmailでメールを一本化してどこからでもやり取りしよう

05-24

他のメールサービスのアカウントを取り込む

Gmailを使って、会社のアドレスに届くメールをやり取りしたい

Gmailで使えるメールは、Googleのメールだけではありません。会社のメールやプロバイダーのメールも送受信できます。サーバーの設定が少し面倒ですが、設定してしまえば仕事の効率が格段に上がるはずです。

メールアドレスを追加する

1 SECTION005-23の手順2まで進み、「その他（IMAP）」（Androidの場合は「その他」）をタップ。

2 メールアドレスを入力。

📋 **Note**

IMAPサーバー

　IMAPサーバーは、受信サーバーのことです。使用しているメールサービスがIMAPに対応しているか確認し、利用しているメールサービスの説明を見て正しく設定しましょう。

3 受信サーバーの設定画面が表示される。パスワードとIMAPサーバーとポート、セキュリティの種類を設定し、できたら「次へ」をタップ（Androidの場合は「受信サーバーを設定してからパスワードを入力する」）。

4 送信サーバーの設定画面が表示される。SMTPサーバーとポート、セキュリティの種類、ユーザー名とパスワードを設定。設定したら「次へ」をタップ。

📄 Note

SMTPサーバー

SMTPサーバーは、送信サーバーのことです。使用しているメールサービスの説明を見て正しく設定してください。なお、会社などのメールは、セキュリティ上使えない場合もあるので、管理者に確認しましょう。

5 名前を入力し、「次へ」をタップ。

6 設定が完了する。「×」をタップ。

135

Gmailアプリで連絡先を使う

連絡先からメールを送信できる

Gmailでは、メールを送信すると連絡先に自動的に登録されますが、名刺やWebサイトなどに書いてあるメールアドレスは手動で登録する必要があります。メール作成時の手間を省くために追加しておきましょう。

連絡先を追加する

1 画面右上のプロフィールアイコンをタップし、「Googleアカウントを管理」をタップ。

2 タブを横にスワイプして「情報共有と連絡先」にし、「連絡先」をタップ。

⚠ Check

Androidで連絡先を使う場合

Androidの場合は、メニューの「連絡先」で連絡先の登録が可能です。

⚠ Check

連絡先の追加

メールを送信すると、相手の名前とアドレスが連絡先に追加されますが、名刺や口頭で教えてもらった人の情報を登録したい場合は、ここで説明する方法で手入力してください。

連絡先画面が表示されたら「＋」を
タップし、「連絡先を作成」をタップ。

「完了」をタップ。次の画面で「×」
をタップしてGmailに戻る。

氏名やメールアドレスを入力し、「保
存」をタップ。

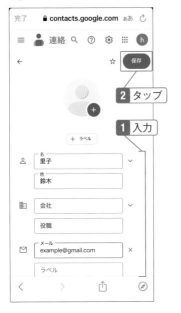

メールの作成画面の宛先欄に名前
を入力し始めると候補として表示
されるのでタップ。

受信者の電話番号を追加する

1 メールを開き、相手のアイコンをタップ。

3 「電話番号を追加」をタップ。

2 右上の 👥+ をタップ。

4 入力して「保存」をタップ。

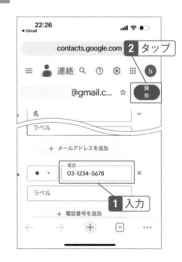

共有もできる Google カレンダーで予定を管理しよう

ビジネスにおいて予定を管理することは基本中の基本ですが、忙しいときにはうっかり大事な用事を忘れてしまうこともあります。そのようなミスを避けるためにも、十分な予定管理が必要です。Googleカレンダーを使えば手軽に予定を管理でき、さらに他のユーザーと予定を共有することもできます。

Googleカレンダーを使う

ビジネスでもプライベートでも、時間を効率的に使うために役立つ

日常生活において、スケジュールの管理は欠かせません。Google カレンダーを利用すれば、会議の予定や打ち合わせの日程、プライベートの旅行計画など、さまざまな予定を一元的に管理できます。スマホを使えばどこにいても予定をチェックすることが可能になるので、まずはアプリをインストールして使えるようにしましょう。

Googleカレンダーをインストールして使えるようにする

1 「Googleカレンダー」アプリをインストールし、「Googleカレンダー」をタップ。カレンダーへのアクセス許可のメッセージが表示されたら「許可」をタップ。

2 「ログイン」をタップ。

📖 Note

Googleカレンダーとは

Google カレンダーは、無料で使える時間管理サービスです。打ち合わせや会議などの日時と場所を追加し、予定が近づいたら通知することができます。また、他のユーザーをビデオ会議に招待することも可能です。スマホとパソコンどちらでも使うことができ、スマホではアプリを使い、パソコンの場合はブラウザ上で操作します。

3 スライダをタップしてオンにし、「完了」をタップ。

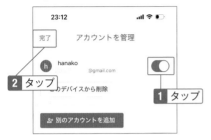

23:12

アカウントを管理

2 タップ

h hanako
@gmail.com

このデバイスから削除

1 タップ

別のアカウントを追加

4 連絡先へのアクセスについてのメッセージは「許可」をタップ。

"Google カレンダー"
が連絡先へのアクセス
を求めています
連絡先は、誕生日や予定へのゲスト
を表示するために使用されます。

許可しない　　許可

1 タップ

ログイン

5 Googleカレンダーの画面が表示された。

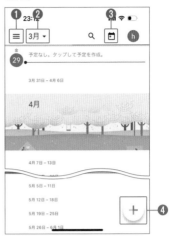

❶ 23:❷　　　　　❸
≡　3月▾　　　Q　📅　h

金
29　予定なし。タップして予定を作成。

3月31日 - 4月6日

4月

4月7日 - 13日

5月5日 - 11日

5月12日 - 18日　　　　　＋　　❹

5月19日 - 25日

5月26日 - 6月1日

❶ タップするとメニューを表示する
❷ タップすると月のカレンダーを表示する
❸ タップすると今日の日付を選択する
❹ タップして予定やリマインダーを作成する

💡 **Hint**

パソコンでGoogleカレンダーを使うには

Googleのトップページ「https://www.google.co.jp」の右上にある▦をクリックし、「カレンダー」をクリックします。あるいは、「https://calendar.google.com/calendar/」にアクセスします。

≡ 📅 カレンダー　今日　〈 〉 2024年7月　　　Q ⑦ ⚙ ▦ ・ 🗓 ▦ h

＋ 作成 ▾

2024年 7月

ユーザーを検索

マイカレンダー
☑ hanako
☑ ToDo リスト
☑ 誕生日

他のカレンダー　＋ ∧
☑ 日本の祝日

▲パソコン版Googleカレンダー

141

予定を追加する

会議や打ち合わせ、納期などをカレンダーに入れる

会議や打ち合わせの予定が入ったら、忘れないうちにGoogle カレンダーに入力しておきましょう。カレンダー上から日にちを指定して設定できます。時間が決まっていない誕生日や旅行の予定は、次のSECTIONで説明します。

打ち合わせの日時を入れる

1 画面右下の「＋」をタップ。

2 「予定」をタップ。

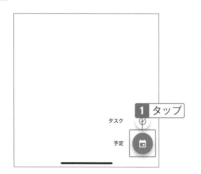

3 タイトルを入力し、日にちをタップ。

⚠ **Check**

予定の追加方法

ここではスケジュール画面で予定を追加しますが、左上の☰をタップし、日や週、月表示にしている場合は（SECTION06-05参照）、日時をタップして予定を追加できます。

4 カレンダーを横にスワイプすると他の月を指定できる。日にちをタップ。

予定を削除するには

削除したい予定をタップし、右上の⋯（Android の場合は⋮）をタップして「削除」をタップします。あるいは、カレンダーの予定を右方向へスワイプすると削除できます。

5 時間をスワイプで指定する。

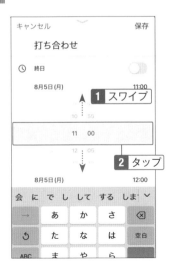

6 終了時間も設定し、「保存」をタップ。

7 予定を追加した。

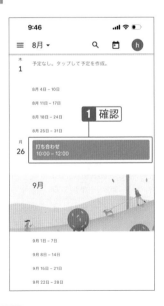

パソコンのGoogleカレンダーで予定を追加するには

パソコンのGoogleカレンダーの場合は、日にちをクリックするか、左上の「作成」ボタンから「予定」をクリックして作成します。

共有もできるGoogleカレンダーで予定を管理しよう

06-03

時間が決まっていない予定を追加する

誕生日や旅行の予定は終日の予定にする

デフォルトでは、日にちと一緒に時間も設定しますが、誕生日や旅行など、丸一日の予定は「終日」の設定をします。まだ時間が決まっていない予定も「終日」にしておき、後で時間を設定するとよいでしょう。1日だけでなく、数日間の予定でも使えます。

終日の設定をする

1 予定の作成画面（06-02の手順3）で、「終日」のスライダをタップ。

2 スライダがオンになり、時間を設定できなくなる。

🔎 **Hint**

時間を設定しない予定

特に時間が決まっていない予定は、終日として設定します。「〇日から〇日まで」の場合も、終日にして開始日と終了日を設定してください。

06-04

定期的な予定を追加する

定例会議や定期で提出する報告書の期限などを入れる

1日だけの予定ではなく、「毎週月曜日の11時から定期的に部内会議がある」といった場合は、繰り返しの予定として追加しましょう。そうすることで、毎回予定を入力する手間を省けます。1ヵ月間、半年間など、特定の期間で繰り返す場合は終了日を設定してください。

毎週ある予定を入れる

1 予定の作成画面（06-02の手順3）で、「詳細オプション」をタップ。

2 「繰り返さない」をタップ。

3 「毎週」を選択し、「保存」をタップ。

> ⚠ **Check**
>
> ### 繰り返しの終了日を設定するには
>
> いつまで繰り返すかを指定する場合は、手順3の画面で「カスタム」をタップし、「期限なしで繰り返す」をタップし（Androidは「終了日」）、「指定した日付」をタップして最終日を指定します。

06-05

月単位や週単位の表示に
変更して見やすくする

その日の予定と長期の予定を切り替えて確認する

デフォルトでは、スケジュール表示になっていますが、月表示や週表示に変更できます。
1日の予定がたくさんある場合は、日単位で表示した方が見やすいですが、予定が少ない
場合や前後の予定を常に把握したい場合は、月単位で表示した方が見やすくなるでしょ
う。状況に応じて切り替えてください。

カレンダーを月表示にする

1 左上の≡をタップ。

2 「月」をタップ。「3日」「週」を選択
することも可能。

3 月単位のカレンダーが表示される。
手順2で「スケジュール」をタップ
して表示を戻す。

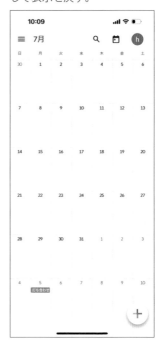

🌂 Hint

パソコンで表示を切り替えるには

パソコンのGoogleカレンダーの場合は、画
面右上の「週」をタップして「月」や「日」に切
り替えられます。

06-06

予定が近づいたら通知を表示する

カレンダーに予定を入れておいても、つい忘れてしまいがちな人に

Google カレンダーでは予定の前に通知を表示できます。既定では予定の30分前に画面に表示されますが、1時間前などの通知も追加しておくとよいでしょう。なお、スマホの「設定」アプリでGoogleカレンダーの通知をオンにして使用してください。

通知する時間を増やす

1 予定をタップ

2 ✏をタップ。

3 「別の通知を追加」（Androidは「通知を追加」）をタップし、何分前に通知するかを設定する。

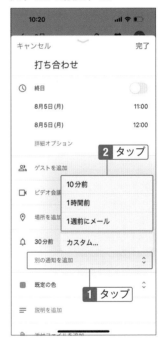

> ⚠ Check
>
> **予定を変更する**
>
> 予定の日時や内容を変更したいときは、手順2のように✏をタップして修正します。

06-07

打ち合わせの場所を追加して
地図で見られるようにする

予定の時系列と場所を合わせて確認したいときに

予定と一緒に場所を確認できれば、行動計画が立てやすいでしょう。Google のカレンダーでは、予定の中に場所も入れられます。そのままタップして地図を開けるので、直前に場所を確認したいときに便利です。

予定の場所を追加する

1 予定の作成画面（06-02の手順3）で、「場所を追加」をタップ。

2 場所や住所を入力し、表示された候補一覧から選択。

3 場所が追加されたら「保存」をタップ。

⚠ Check

打ち合わせ場所の地図を見るには

予定に設定した場所をタップして、Googleマップで地図を見ることができます。

06-08

予定に色を付けて見分けがつくようにする

ひと目でどういう種類の予定か把握したいときに

予定は、打ち合わせ、会議、イベントなど、さまざまです。「打ち合わせは黄色」「会議は緑色」など、予定の種類ごとに色を分けると、ひと目でどんな予定なのかがわかります。大事な予定は赤色にするといった使い方も可能です。

予定の色を変える

1 予定の作成画面（06-02の手順3）で、「既定の色」をタップ。

2 色を選択。

3 「保存」をタップ。

🔍 Hint

既定の色を変えるには

デフォルトでは予定が青で表示されますが、画面左上の三→「設定」→「予定」の画面で既定の色を変えることができます。

06-09

タスクでやることを管理する

カレンダー上でもタスク管理をしたいときに

「31日までに原稿を提出する」「10日までに納品する」といった、やるべき仕事がある場合は「タスク」を使うと便利です。完了した仕事には打消し線を付けて、終わったことがわかるようにしましょう。完了しても、カレンダー上には残っているのでいつでも開くことが可能です。

タスクを追加する

1 「＋」をタップ。

📓 Note

タスクとは

　タスクを使うと、やるべき仕事をカレンダーに入れることができます。終わったものは打消し線を付けて区別できます。

2 「タスク」をタップ。

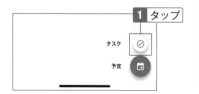

3 タイトルと日時を設定し、「保存」をタップ。

📓 Note

やることが完了したら

　やるべきことが終わったら、タスクを右方向へスワイプして非表示にします。あるいは、タスクを開いて、右下の「完了とする」をタップします。完了したタスクには打消し線が付きます。

06-10

すでにある予定を使って別の予定を作成する

定期的に同じ場所への訪問やミーティングがあるときに

定期的な予定や、長い英単語など入力が面倒な場所を入力するとき、同じことを何度も入力するのは効率的ではありません。そのような場合は、予定をコピーして使いましょう。コピーしたら日時を変更してください。

予定を複写する

1 予定を開く。

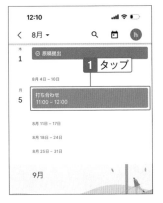

2 右上にある ┅ （Androidは ⋮ ）をタップして「複製」をタップ。

3 タイトルや日時を変更して「保存」をタップ。

Hint

ドラッグ操作で予定の日時を変更できる

　SECTION06-05の月表示や週表示にしている場合、予定をドラッグして日時を変更できます。スケジュール表示ではドラッグでの変更はできません。

06-11

他の人を会議に招待して参加の可否を聞く

グループウェアを使っていない場合の会議招集に

会議や打ち合わせの予定にユーザーを招待し、参加の可否を聞くことができます。参加する人のカレンダーに自動で予定を入れることができ、カレンダー上からビデオ会議に参加することが可能です。SECTION01-03で紹介した、ビジネス向けの「Google Workspace」を使っている企業でよく使われます。

会議に招待する

1 予定の作成画面 (06-02の手順3) で、「ゲストを追加」(Androidは「ユーザーを追加」) をタップ。

2 氏名やメールアドレスで連絡先を検索し、候補一覧からタップ。

3 「完了」をタップ。

4 「保存」をタップ。

1 招待された人にメールが届くので参加の可否を選んでタップ。

2 「参加」をタップするとカレンダーに追加される。予定をタップ。

3 「Google Meetに参加する」をタップすると会議に参加できる。

⚠ Check

会議の日程が変更された場合

主催者が会議の日程を変更した場合はメールが届きます。タップして、「参加」「いいえ」「未定」から選択します。

🖐 Hint

パソコンのGoogleカレンダーで予定に招待するには

パソコンの場合は、予定を開き、右端にある「ゲストを追加」ボックスをクリックしてアドレスを入力します。ユーザーが追加されたら「保存」をクリックします。

06

共有もできるGoogleカレンダーで予定を管理しよう

会議の資料を追加する

ビデオ会議で使う資料を添付する

ビデオ会議中に資料を参照することはよくあります。Googleカレンダーで会議を設定する際、事前にファイルを添付しておけば、参加者全員に閲覧してもらうことが可能です。当日慌てることがないように準備を整えておきましょう。

添付ファイルを追加する

1 SECTION06-02の手順3の画面で、スワイプして「添付ファイルを追加」をタップ。

2 ファイルを選択。

⚠ Check

会議で使用するファイル

Google Meetで使う資料のファイルをGoogleドライブにあるファイルから選んで追加できます。ファイルを追加してMeetで会議を開始すると、メッセージ画面 (Section07-04)の「情報」タブにファイルが表示され、閲覧ができます。なお、パソコンのGoogle Meetの場合は、その場でファイルをアップロードできますが、スマホの場合は事前にGoogle Driveにアップロードしておく必要があります。

3 「チェック」をタップ。追加したら予定を保存する。

Google Meetで
リアルタイムのビデオ会議を
行おう

ビデオ会議は、離れた場所にいるユーザーとリアルタイムで会議ができる便利なツールです。さまざまなビデオ会議ツールがありますが、Google Meetなら、無料で使うことができ、操作も簡単です。本書では、スマホのGoogle Meetアプリを使って解説します。

07-01

Google Meetを使用する

Google Meet はテレワークに必須のビデオ会議ツール

スマホにGoogle Meetアプリをインストールすれば、いつでもビデオ会議を開始できます。もちろんインターネット環境が必要ですが、Googleアカウントを取得している人なら誰でも無料で使えるのでインストールして活用しましょう。

会議を開始する

1 Google Meetアプリをインストールして、アイコンをタップ。

2 「新規」をタップ。カメラとマイクへのアクセスは許可する。

📄 Note

Google Meetとは

　Google Meetは、Googleが提供するビデオ会議サービスです。エンコーダーソフトなどは不要で、スマホのアプリ（パソコンの場合はブラウザ）で使用できます。無料で使える1回の時間は60分です。それ以上使う場合は再度会議を作成してください。あるいは、有料のGoogle Workspaceを使えば24時間まで使用可能です。パソコンの場合は、「https://meet.google.com/」にアクセスするか、Googleのトップページ（https：//www.google.co.jp）の右上にある ⠿ をクリックして「Meet」をクリックします。

3 「新しい会議を作成」をタップ。プライバシーについてのメッセージが表示されたら「OK」をタップ。

4 「会議に参加」をタップ。カメラやマイクへの許可についてのメッセージが表示されたら許可する。

5 「参加」をタップ。

📝 **Note**

会議のリンク

他の人に参加してもらうには、手順4にあるリンクを伝えます。「共有」をタップしてメールやLINEで送ることも可能です。

---

6 会議を開始した。画面上をタップすると、下部のボタンの表示・非表示を切り替えられる。

① **会議コード**：このコードを入力して会議に参加できる

② インカメラとアウトカメラを切り替える

③ 話すときは「スピーカー」にする。「レシーバー」にするとハウリングを防げる

④ **通話から退出**：会議を退室する

⑤ **カメラ**：カメラをオフ・オンにする

⑥ **マイク**：マイクをオフ・オンにする

⑦ **挙手する**：発言するときにタップする

⑧ **その他のオプション**：外出モードや画面共有、設定ができる

⑨ 自分が表示される

パソコンでGoogle Meetを使うには

パソコンの場合は、「https://meet.google.com/」にアクセスするか、Googleのホーム画面右上の ⋮⋮⋮ をクリックして「Meet」をクリックします。

他の人を会議に招待する

会議中に招待することもできる

会議を開始するときに他のユーザーを招待できますが、会議が始まってからでも可能です。招待された人にはメールが届き、リンクをクリックして Google Meet にアクセスできます。その際、参加のリクエストをし、許可をもらってから入ることになります。

ユーザーを追加する

1 「招待状を共有」をタップ。

2 メールや LINE を選択して送る。

⚠ Check

会議の開催前に招待状を送るには

　SECTION07-01の手順4の画面で、「共有」をタップして招待できます。また、「Googleカレンダーでスケジュールを設定」をタップして、Google カレンダーにアクセスしてカレンダーから招待することも可能です（SECTION06-1参照）。

⚠ Check

3人以上を招待するには

　すでに参加者がいる場合は、画面右下の ⋮ をタップし、「ユーザーを追加」をタップした画面で追加します。

会話を文字で表示する

音声が聞き取りにくいときに便利

ビデオ会議では、まれに参加者の声が聞き取りづらかったり、周囲の騒音で聞こえにくかったりする場合があります。あるいは音出しせずに視聴したい場合もあるでしょう。そのような場合、画面の下部に字幕があれば、内容を把握できます。

字幕を有効にする

1 ：をタップ。

2 「字幕を表示」をタップ。メッセージが表示されたら「OK」をタップ。

3 話すと字幕が表示される。

ビデオ会議をしながらメッセージの やり取りをする

視聴のみのユーザーが質問をしたいときに役立つ

Google Meet では、会議中に他の参加者と文字でやり取りすることも可能です。ただし、途中から参加した場合、参加する前に送信されたメッセージは表示されないので読めません。また、いったん会議から退出すると過去のメッセージが見られなくなります。

メッセージを送信する

07 Google Meet でリアルタイムのビデオ会議を行おう

1 画面右下の▐をタップし、「通話中のメッセージ」をタップ。

2 文字を入力する。▷をタップすると送信できる。左上の「∨」をタップして戻る。

📋 **Note**

外出モードとは

　手順1で「外出モード」をタップすると、カメラがオフになり音声だけの参加ができます。音声オフや挙手のボタンが大きいので操作しやすいです。他の作業をしながら参加するときや、周囲を映さずに参加するときに使用するとよいでしょう。

07-05

いいねや拍手のリアクションを送る

メッセージを入力しなくても感情を表す絵文字で伝えられる

ビデオ会議で拍手をしたいときや「いいね」と伝えたいとき、リアクションで「拍手」や「いいね」の絵文字を送ることが可能です。メッセージを送らなくても、絵文字で伝えられますし、複数人で場を盛り上げることもできます。

いいねの絵文字を送信する

1 画面右下の⋮をタップし、いいねの絵文字をタップ。

2 リアクションが送信された。

Hint

リアクションを使用不可にするには

リアクションが会議の邪魔にならないように非表示にする場合は、画面右下の⋮をタップし、「設定」の「リアクション」でオフにできます。

07-06

自分が表示している画面を
参加者に見せる

自分の顔だけでなく、パソコンの画面を映し出すこともできる

自分のパソコンの画面を見せながら説明したいときやプレゼンテーションをするときには、「画面を共有」から映し出すことができます。スマホの場合は、表示している画面が映し出されるので、気まずい画面が映らないように気を付けましょう。

画面を共有する

1 画面右下の**⋮**をタップし、「画面を共有」をタップ。メッセージが表示されたら「続行」をタップ。

2 「ブロードキャストを開始」をタップすると自分の画面が参加者の画面に表示される。

⚠ **Check**

画面の共有

　パソコンのMeetの場合は、共有するウィンドウを選択できるのですが、スマホのMeetアプリでは画面上のすべてが映し出されます。メールやLINEの通知など、見られると困るものが映らないように気をつけてください。

SECTION

07-07

Gmail でメールを受け取った後に会議を開始・作成する

メールでは伝えにくい場合にすぐにビデオに移行できる

Gmail でメールを受け取った後に、Meet で話したいというときもあるでしょう。簡単にGmail 画面から Meet にアクセスし、会議を開始できます。また、会議の予定を設定することも可能です。Meet アイコンが表示されていない場合は設定を変更してください。

Gmail から会議を開始する

1 Gmail の画面下部にある ◻️ をタップ。

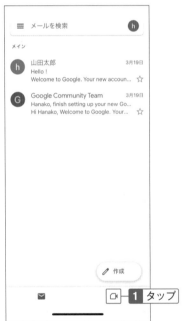

2 「新しい会議」をタップし、「会議を今すぐ開始」をタップ。

⚠ Check

Gmail の画面に Meet のアイコンを表示させるには

Gmail アプリに Meet のアイコンが表示されていない場合は、Gmail の画面左上の ≡ をタップし、「設定」をタップします。「Meet」をタップして「Meet」をオンにします。

⚠ Check

会議の予約をするには

今すぐ開始するのではなく、予約をしたい場合は、手順2で「Google カレンダーでスケジュールを設定」をタップし、カレンダー上で設定します。

Google Chatを使って個人やグループでやり取りしよう

同僚に聞きたいことがあるとき、メールを送るよりもチャットを使った方が迅速にコンタクトを取れます。Google Chatならリアルタイムでの文字やファイルの送信ができ、Googleドライブのファイルを共有することも可能です。やるべきことや予定を共有することもできます。

08-01

Google Chatを使用する

メールや電話よりも速くて便利なツール

まずはGoogle Chatにアクセスし、画面を確認してください。シンプルな画面なので戸惑うことなく利用できます。画面を確認したら、会話したい相手を検索し、メッセージを送ってみましょう。文字だけでなく、絵文字を送ることも可能です。

新しいチャットを開始する

1 Google Chatアプリをインストールし、開く。

2 「始める」をタップ。

新しい Google Chat へようこそ

チーム向けに設計されたインテリジェントなコミュニケーション アプリ

始める ← **1** タップ

3 アカウントのスライダをタップしてオンにし、「完了」(Androidは✔)をタップ。

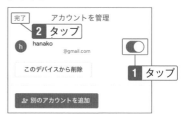

完了　アカウントを管理
2 タップ
hanako
@gmail.com

このデバイスから削除

1 タップ

別のアカウントを追加

📖 Note

Google Chatとは

Chapter07のGoogle Meetは映像と音声でやり取りしますが、Google Chatは文字でやり取りするメッセージアプリです。ファイルを共有したり、途中でビデオ会議を開始したりも可能です。Google Chatには、相手（複数人も可）と直接やり取りをする「チャット」と、チームや組織で共同作業ができる「スペース」があります。

4 ⧉をタップ。

≡ チャットで検索

ホーム　　　　　　　　　　　⊏⊐ 未読

**すべてのスレッドを1か
所で管理**

新しいアクティビティの確認も過去のス
レッドを見るのも、ホーム画面で行えま
す

| 1 | タップ |

5 相手のメールアドレスを入力し、「完
了」をタップ。

× ユーザー、スペース、アプリ　　**1 入力**

👥 スペースを作成

👥 スペースをブラウジング

▦ アプリを検索

🗐 メッセージリクエスト

よく使う

Absolute Poll　アプリ
Poll/Vote app in the chat space

Achievers　アプリ
Receive notifications from Achievers

ADP Virtual Assistant　アプリ
Access ADP Workspace info in Google C...

2 タップ
完了

6 メッセージボックスに文字を入力
し、▷をタップ。

< 　　　　@gmail.com

この会話は限定公開です

👤+ アプリを追加

🕐 履歴がオンになっています

| 1 | 入力 | | 2 | タップ |

⊕　こんにちは　　　　　　😊　▷

7 メッセージを送信した。

< 　　　　@gmail.com　　📹　⋯

この会話は限定公開です

👤+ アプリを追加

🕐 履歴がオンになっています
履歴をオンにした状態で送信したメッセージは保存されます

| 1 | 確認 |

今日

たった今
こんにちは

⊕　履歴がオンになってい…　😊　🖼　▷

⚠ **Check**

メッセージを削除・修正するには

削除したい自分のメッセージを長押しし、
「削除」をタップすると削除できます。相手の
画面からも削除されます。また、長押しして、
「編集」をタップすると文字を修正できます。

グループやチームでやり取りする

グループやチームで情報共有するときに便利

直接やり取りする「チャット」に対して、チームで進行しているプロジェクトの話し合いや共同作業をする場合は「スペース」を使います。スペースでは、共同で文書作成したり、ユーザーにタスクを割り当てたりなど、複数人で作業するための機能が揃っているので活用してください。

スペースを作成する

1 をタップ。

1 タップ

📓 Note

スペースとは

SECTION08-01のチャットは、1人または複数人で直接メッセージを送ってやり取りしますが、チームのメンバー全体でやり取りするときにスペースを使います。ファイルの共有やタスクの割り当てなどをスペース内で行えるので、チームで共同作業をする際に便利です。

2 「スペースを作成」をタップ。

3 スペースの名前を入力し、「作成」をタップ。

4 「メンバーを追加」(Androidは「ユーザーとアプリを追加」)をタップ。

5 ユーザーを選択して「チェック」をタップ。

> ⚠ **Check**
>
> **メンバーを追加するには**
>
> ここでの方法以外にも、上部のスペース名をタップし、「メンバーを管理」をタップした画面で追加することもできます。

スレッドで返信する

1 メッセージを長押し。

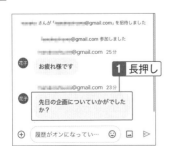

> 📋 **Note**
>
> **スレッドとは**
>
> 関連するメッセージのまとまりをスレッドと言います。スレッドを使うと、特定のメッセージに返信したい場合に、メインの会話の流れを妨げることなくやり取りができます。

2 「スレッドで返信」をタップ。

3 メッセージを入力して送信する。左上の「＜」（Androidは「←」）をタップして戻る。

4 右上の▣をタップ。

5 スレッドが表示される。

文書ファイルをチームで共有する

送信したファイルは一覧からいつでも開ける

SECTION08-01のチャットでもファイルを共有できますが、スペースの場合は、送信したファイルがファイル一覧にあるので後から見つけやすいというメリットがあります。送信時に、閲覧や編集のアクセス権を設定することも可能です。

ファイルを追加する

1 「+」をタップ。

2 「ドライブ」をタップしてファイルを指定する。

3 メッセージが表示された場合は、「共有」をタップ。

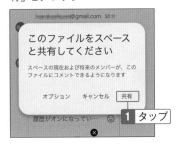

⚠ **Check**

共有するファイル

ファイルは、Google Driveにアップロードしてから共有します。また、手順3の画面にある「オプション」をタップすると、ファイルの閲覧のみ、編集可能などの権限を設定できます。

やるべきことをチームで共有する

メンバーがやるべきことをタスクとして割り当てることができる

スペースでディスカッションをしているときに、報告書や資料を作成する仕事が発生した場合は、スペースの画面上でメンバーにタスクを割り当てることができます。割り当てられた人のカレンダーとToDoリストに自動で追加されるので、入力の手間を省くことができます。

タスクを追加する

1 「タスク」タブをタップし、◌をタップ。

2 タスクを入力する。割り当てる人がいる場合は◌をタップして指定する。

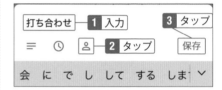

3 やるべきことが終わったら○をタップすると、「完了」に移動する。

⚠ Check

タスクを割り当てる

　スペース内のメンバーのやるべきことを、タスクとして追加することができます。割当先を指定すると、その人のカレンダーとToDoリストアプリに自動的に追加されるようになっています。

予定をチームで共有する

次回の会議や打ち合わせの予定をその場で追加できる

ディスカッションの途中で、会議や打ち合わせの予定が決定することもあります。その
ような場合も、スペース上でカレンダーに追加することができます。現在スペースに参
加していないユーザーを追加して招待メールを送ることも可能です。

予定をカレンダーに追加する

1 メッセージ入力欄左側の「＋」を
タップし、「カレンダー」をタップ。

2 Googleカレンダーが表示されるの
で、下部を上方向へドラッグ。

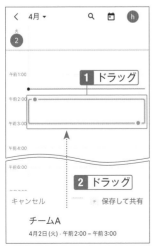

3 タイトルや日時を設定し、「保存して
共有」をタップ。

4 予定を追加した。タップするとGoo
gleカレンダーが開く。

08-06

スペースを退出・削除する

再参加は招待が必要になる場合もあるので注意

チームを抜けたときや間違えて入ってしまったときは、スペースを退出しましょう。ただし、制限付きのスペースの場合は、退出するとすぐに再参加できず、他のユーザーに招待してもらわないと再参加できないので気を付けてください。

スペースを終了する

1 上部のスペース名をタップ。

2 「退出」をタップ。「削除」をタップするとスペース自体が削除される。

⚠ Check

履歴を残したくない

デフォルトではやり取りしたメッセージの内容が保存されますが、保存したくない場合は、手順2で「履歴がオンになっています」をオフにします。

🔖 Hint

参加しているメンバーを確認するには

手順2の「メンバーを管理」をタップすると参加しているメンバーリストが表示されます。

Google ドライブにファイル を保存して、管理・共有し よう

Google ドライブは、インターネット上の安全な場所にファイルを置けるサービスです。大容量のスペースを無料で使うことができ、WordやExcelのファイル、写真やイラストなどの画像ファイル、動画ファイル、音楽ファイルなど、さまざまなファイルを保存し、いつでもどこでも取り出すことができます。また、Googleの「ドキュメント」や「スプレッドシート」、「スライド」で作成したファイルを管理・共有することも可能です。

Google ドライブを使う

Google ドライブは、ファイルの保管、共有に最適なツール

さまざまなファイルを保管しておけるGoogleドライブ。Googleのアカウントを持っているのなら、Googleドライブを使わない手はありません。まずは、Googleドライブをインストールして使えるようにし、ホーム画面を確認しましょう。

Google ドライブとは

▲Googleドライブにはさまざまなファイルを保存できる

Googleドライブは、インターネットを使ってさまざまなファイルを保管できるサービスです。スマートフォン、タブレット、パソコンどの端末からもファイルを使用することができます。

また、文書を作成できる「ドキュメント」や表計算用の「スプレッドシート」と連携しているので、文書ファイルを作成してそのままドライブに保存することが可能です。

無料で使える容量は、Google Drive と Gmail、Googleフォトを合わせて15GB まで。それ以上必要な場合は、有料の Google One や Google Workspace を利用してください。

Hint

パソコンでGoogleドライブを使うには

Googleのトップページ「https://www.google.co.jp」の右上にある ⠿ をタップし、「ドライブ」をクリック。あるいは「https：//drive.google.com/drive/」にアクセスします。

スマホでGoogleドライブを使う

1 「Googleドライブ」アプリをインストールし（Androidの場合ははじめからインストールされている）、「ドライブ」をタップ。

1 タップ

2 「ログイン」をタップし、取得しているGoogleアカウントでログインする。google.comを使用するというメッセージが表示されたら「続ける」をタップ。

Google Drive

1 タップ

ログイン

3 Googleドライブが表示される。

❶ タップするとメニューを表示する
❷ ファイルを検索できる
❸ アカウントの管理やドライブの設定ができる
❹ スキャンできる
❺ ファイルの作成やアップロード、スキャンができる
❻ ホーム画面を表示する
❼ スターを付けたファイルが表示される
❽ 共有したファイルが表示される
❾ Driveのファイルが表示される。パソコンと同期している場合もここに表示される

177

09-02

ファイルをアップロードする

複数の場所で作業をすることが多い人に

たとえば出張先で、会社のパソコンに保存してあるファイルが必要になったとき、Google ドライブに保存してあればスマホやタブレットで開くことができます。故障してデータが消えたり、災害によってデータを失っても、クラウドに保存しておけば安心です。

ファイルをドライブに保存する

1 「+」をタップ。

Googleドライブに保存できるファイル

Googleドライブには、Googleのファイル以外にも、WordやExcel、PDFファイル、写真やイラストなどの画像ファイル、動画ファイルなど、さまざまなファイルを保存しておくことができます。なお、無料で使える保存容量はGmailやGoogleフォトと合わせて15GBです。容量が足りなくなったら有料で増やすことも可能です。

2 「ファイルをアップロード」をタップ。

3 「参照」をタップ（Androidの場合は左上の☰をタップして一覧からファイルの場所を選択する）。

4 画面下部の「ブラウズ」をタップ。

5 場所を選択する。ここでは「このiPhone内」をタップ。

6 ファイルを選択するとアップロードされる。

💡 Hint

パソコン版Googleドライブでファイルをアップロードする

パソコンのGoogleドライブの場合は、画面左上の「新規」ボタンをクリックし、「ファイルのアップロード」をクリックしてファイルを転送します。

09-03

ファイルを削除する

不要なファイルは残さずドライブを整理しよう

作成したファイルやアップロードしたファイルが不要になったときは削除できます。完全に削除されるのではなく、一旦ゴミ箱に保管されるので、誤って削除したとしても元に戻せるので安心してください。

ファイルをゴミ箱に移動する

1 下部の「ファイル」をタップし、ファイル名の右端の⋯（Androidの場合は⋮）をタップ。

2 スワイプして下部の「削除」をタップし、「削除」（Androidは「ゴミ箱に移動）をタップすると削除できる。

⚠ Check

削除したファイルはゴミ箱にある

　誤ってファイルを削除した場合は、左上の≡をタップし、「ゴミ箱」をタップするとあります。ゴミ箱からも削除する場合は、ファイルの右にある⋯（Androidは⋮をタップして「完全に削除」）をタップします。

わかりやすいファイル名に変更する

パソコンで名前を変更するのと同じ要領

ファイルに付ける名前は、内容がわかるように付けます。契約書なら「契約書」という文字が入った名前、会議資料なら「会議資料」が入った名前です。Googleドライブ上で、ファイル名やフォルダ名を変更できます。

ファイルの名前を変更する

1 ファイル一覧でファイル名の右端の
…をタップ（Androidの場合は⋮）。

2 スワイプして「名前を変更」をタップ。

⚠ Check

フォルダ名を変更するには

ファイル名と同様に、フォルダの名前も変更することができます。

3 ファイル名を変更し、「名前を変更」をタップ。

09

Googleドライブにファイルを保存して、管理・共有しよう

09-05

ファイルを検索する

ファイル名や形式、日付で検索できる

ファイルが増えてくると探すのが大変になってきますが、ドライブは Google のクラウドサービスだけに、検索機能が優れています。ファイル名以外にも、ファイル形式や最終更新日などでも抽出できるので、効率よくファイルを開けるように活用しましょう。

ファイル名を入力して抽出する

1 検索ボックスをタップ。

2 ファイル名を入力し、「検索」をタップ（Android の場合は ⊙）。

3 抽出され、タップして開ける。

⚠ Check

ファイル形式や更新日で検索する

検索ボックスをタップすると、その下にチップが表示され、ファイルの種類や日にちを条件にして検索できます。

09-06

重要なファイルに印を付ける

よく使ったり、取っておきたいファイルを分けておく

頻繁に使うファイルや、他に紛れては困る重要なファイルには、「お気に入り」として印（スター）を付けておくことができます。スター付きの一覧からファイルを探せるようになるため使い勝手が良くなります。

ファイルにスターを付ける

1 ファイル一覧でファイル名の右端の□（Androidの場合は⋮）をタップし、「スターを追加」をタップ。

2 ファイル名の下にスターが付いた。

3 画面下部の「スター付き」をタップした画面から開ける。

⚠ Check

スターを解除するには

スターを解除するには、…（Androidの場合は⋮）をタップし、「スターを削除」をタップします。

フォルダを作成してファイルをまとめる

ファイル形式が異なっても、関連するファイルはまとめておこう

スマホの画面は小さいので、できるだけ画面はスッキリさせておくのが望ましいです。そのため、関連するファイルをフォルダにまとめると、使いやすくなります。実際に新しいフォルダを作成し、ファイルを移動してみましょう。

新しいフォルダを作成する

1 「+」をタップ。

2 「フォルダを作成」をタップ。

3 フォルダ名を入力し、「作成」をタップすると作成される。

💡 Hint

パソコン版 Google ドライブでフォルダを作成するには

パソコンの Google ドライブでは、左上の「新規」ボタンをクリックし、「新しいフォルダ」をクリックします。フォルダ名を入力し、「作成」ボタンをクリックします。

4 画面下部の「ファイル」をタップ。

5 ファイル一覧でファイル名の右端の … (Androidtの場合は ⋮) をタップし、スワイプして「移動」をタップ。

6 移動先のフォルダ (ここでは「マイドライブ」) をタップ。

7 先ほど作成したフォルダをタップ。

8 「ここに移動」(Androidは「移動」) をタップすると移動する。

🕯 Hint

**パソコン版Google ドライブで
ファイルを移動するには**

　パソコンのGoogle ドライブの場合は、ファイルを右クリックして「整理」→「移動」をクリックし、フォルダを選択します。または、ファイルをフォルダにドラッグすると簡単に移動できます。

09-08

お知らせや案内状などの文書を作成する

Word と使い勝手はおおむね同じ

企画書や報告書などを作成する際には、ワープロソフトを使うのが一般的です。ワープロソフトというと「Microsoft Word」が有名ですが、Googleにも「Google ドキュメント」という無料で使えるワープロソフトがあります。使い勝手もWordと大体同じです。ここでは基本操作のみ紹介します。

ドキュメントファイルを作成する

▌1 「+」をタップ。

▌2 「Google ドキュメント」をタップ。スマホに「ドキュメント」アプリが入っていない場合はインストールする。

▌3 ファイル名を入力し、「作成」をタップ。

4 白紙の文書ファイルが作成される。

❶ 11:34 ❷ ❸ ❹ ❺

❶ 保存するときにタップする
❷ 操作のやり直しができる
❸ リンク、コメント、画像、表、などの挿入ができる
❹ フォントのサイズや色を変更できる
❺ 置換やページ設定、印刷などができる
❻ **下部のバー**：太字や斜体、中央揃えなどを設定できる

🌸 Hint

パソコンでドキュメントを使うには

　パソコンの場合もドライブの画面左上にある「新規」からドキュメントを作成できます。また、ドキュメント (https://docs.google.com/document/) にアクセスして利用することも可能です。

---

5 文字が小さいときはピンチアウトして拡大表示できる。入力が終わったら左上の☑をタップ。

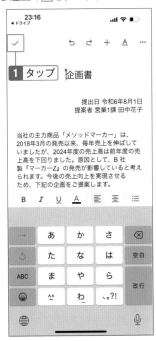

1 タップ

6 左上の「ドライブ」(Androidは「×」) をタップするとGoogleドライブに戻る。

1 タップ

表やグラフが含まれた文書を作成する

Excelと同じように使えるGoogleの表計算ソフト

表やグラフが含まれた文書を作成する際には、表計算ソフトで作成しますが、Googleには「Googleスプレッドシート」という無料で使える表計算ソフトがあります。使い方はおおむねExcelと同じで、表やグラフを作成することができます。

スプレッドシートファイルを作成する

1 SECTION09-08の手順2の画面で、「Googleスプレッドシート」をタップ。スマホに「スプレッドシート」アプリが入っていない場合はインストールする。

2 ファイル名を入力し、「作成」をタップ。

📓 Note

Googleスプレッドシートとは

　Googleが提供する無料の表計算ソフトで、ブラウザー上で数値の計算やグラフ作成などができます。Microsoft Excelファイルの編集も可能です。

🔑 Hint

パソコンでスプレッドシートを使うには

　パソコンの場合は、Googleドライブの画面左上の「新規」ボタンをクリックして、「Googleスプレッドシート」をクリックすると作成できます。

3 白紙のファイルが作成される。セル
をタップ。

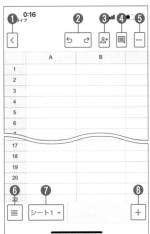

1 終了する際にタップ
2 操作のやり直しができる
3 共有ができる
4 コメントが表示される
5 置換やフィルタ、印刷ができる
6 シート名の変更や削除ができる
7 シートを切り替える
8 シートを追加する

4 セルをタップし、下部のボックスに
文字や数字を入力して「チェック」
をタップ。

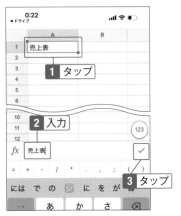

5 表に枠線を付けるときは、四隅の丸
をドラッグして範囲を選択してから
⊞ をタップして線の種類を選択する。

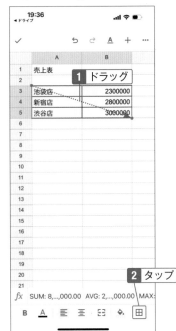

6 「＋」をタップ。

7 「グラフ」をタップ。

8 グラフの種類やタイトルなどを設定し、「完了」（Androidは☑）をタップ。

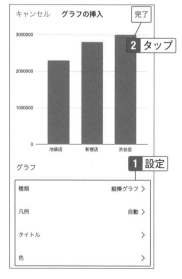

9 グラフを作成した。グラフをタップし、四隅の青い丸をドラッグしてグラフのサイズを調整し、できたら☑をタップ。

⚠️ **Check**

グラフを削除するには

グラフを選択した状態で、グラフの上をタップし、「削除」をタップすると削除できます。

💡 **Hint**

複数のシートを使う場合は

シートを増やしたい場合は、手順9の操作後の画面で、右下の「＋」をタップします。

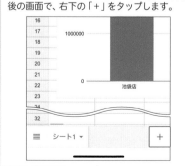

プレゼン用ファイルを作成する

Googleスライドでプレゼン資料を作れる

Googleスライドは、プレゼンテーションで使用するファイルを作成するソフトです。Microsoft　PowerPointを持っていない人でも、Googleスライドを使えば無料でスライドを作成できます。ここでは基本的な操作のみ紹介します。

スライドファイルを作成する

1 SECTION09-08の手順2の画面で、「Googleスライド」をタップ。スマホに「スライド」アプリが入っていない場合はインストールする。

2 ファイル名を入力し、「作成」をタップ。

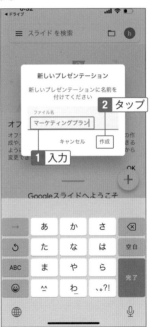

📖 Note

Googleスライドとは

Googleが提供する無料のプレゼンテーションソフトです。わざわざソフトを購入しなくても、無料でプレゼンテーション用のスライドを作成できます。Microsoft PowerPointファイルの編集も可能です。

3 スライドが作成される。

❶ 保存するときにタップする（Android
では「←」になっている）
❷ 操作のやり直しができる
❸ スライドを再生する
❹ スライドを共有する
❺ 画像、図形、表、などの挿入ができる
❻ コメントを追加できる
❼ テーマの変更や共有のときに使う
❽ 下部スライド一覧：スライドを切り替
えられる
❾ スライドを追加する

📔 Note

スライドとは

　最初に1枚のスライドが用意されており、1
枚目に表紙となるタイトルや社名を入れます。
入力が終わったら、2枚目のスライドを追加し
て内容を入力し、最終的に複数枚のスライド
を使ってプレゼンテーションを行います。

スライドを編集する

1 ダブルタップしてタイトルを入力。

2 同様にサブタイトルも入力する。下
部の▤をタップして中央揃えにす
る。

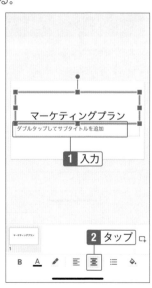

3 ▢をタップ。

4 スライドの種類を選択してタップ。

⚠ Check

文字の色を変えるには

文字の色を変えたいときは、下部の⊿をタップすると、色の選択画面が表示されるので、任意の色をタップします。また、◢をタップすると文字の背景を設定できます。

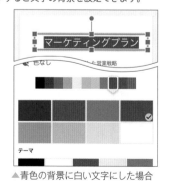

▲青色の背景に白い文字にした場合

⚠ Check

スライドを削除するには

スライドが不要になった場合は、下部にあるスライドを長押しし、🗑（Androidの場合は⋮をタップして「削除」）をタップします。

5 スライドを追加した。下部でスライドを切り替えることが可能。

⚠ Check

プレゼンテーションを実行するには

画面上部の▷をタップし、「このデバイスで表示」をタップすると再生できます。終了するには、画面上部をタップし、「×」（Androidは「←」）をタップします。

ドキュメントファイルをWordで使えるようにする

外出先で文書を作成し、会社のWordで仕上げることもできる

Googleドキュメントで作成した文書をWordの形式で保存することもできます。外出先でスマホを使って文書を作成し、会社のパソコンで仕上げるといった使い方もできます。なお、WordでGoogleドキュメント形式のファイルに保存することはできません。

ドキュメントファイルをWord形式に変換する

1 ドキュメントファイルを開き、右上の□（Androidは⋮）をタップ。

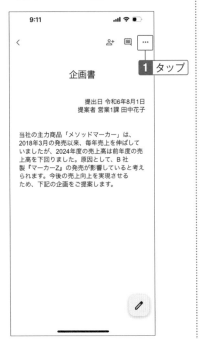

2 「共有とエクスポート」をタップ

3 「Word形式（.docx）で保存」（Androidの場合は「名前を付けて保存」→「Word（.docx）をタップして「OK」）をタップすると、Word形式で保存される。

⚠ Check

ドキュメントファイルを開くには

Googleドライブの一覧からドキュメント形式のファイルを開いてもよいですし、「ドキュメント」アプリでファイルを開いてもかまいません。

Google ドキュメントで作成したファイル を PDF にする

Google ドキュメント上で PDF にできる

PDF は、どの端末でもレイアウトを崩さずに表示できるため、ビジネスにおいて欠かせないファイル形式です。Google ドキュメントのファイルは、ドキュメント上で簡単に PDF にできます。「PDF で送ってほしい」と指示があったときでも安心です。

ドキュメントファイルを PDF 形式に変換する

1　SECTION09-11の手順3の画面で 「コピーを送信」をタップ。

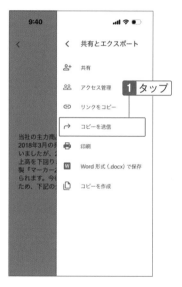

2　「PDF」を選択して、「OK」をタップ。

3　「"ファイル"に保存」をや「ドライブ」などに保存する。

💡 Hint

パソコン版 Google ドキュメントで PDF にするには

パソコンの Google ドキュメントの場合は、「ファイル」メニューの「ダウンロード」→「PDF」を選択して変換できます。

他の人とファイルを共有して同時編集を おこなう

レポートや進捗管理をクラウドに置いて共有

Googleドライブにあるファイルは、他の人と共有できます。たとえばスプレッドシートで進捗管理表を作成し、グループのメンバーで共有して管理ができます。共有するメンバーはいつでも追加することが可能です。

特定のユーザーと共有する

1 画面の上にある👤をタップ。

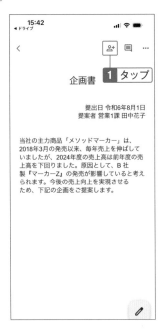

2 メールアドレスを入力。

💡 Hint

リンクを知っている人と共有する場合

相手を指定せずに、リンクを伝えて見てもらうには、右上の⋯をタップし、「共有とエクスポート」→「リンクをコピー」をクリックしてメールなどに貼り付けます。

💡 Hint

パソコン版Googleドキュメントで ファイルを共有するには

パソコンのGoogleドキュメントの場合は、ファイルをクリックして選択し、上部の「共有」ボタンをクリックします。その後相手のメールアドレスを入力して、「送信」をクリックします。

⚠ Check

相手がGoogleユーザーでない場合

Googleユーザーでない人にリンクを教えた場合、閲覧は可能ですが、編集する場合は、Googleアカウントに登録してもらう必要があります。

3 権限をタップして選択。必要であれ
ばメッセージを入力し、▷をタップ
すると送信される。相手にはメール
が届くのでリンクで開いてもらう。

⚠ **Check**

権限の設定

権限は、見るだけの「閲覧者」、編集はでき
ないがコメントはできる「閲覧者（コメント
可）」、編集もできる「編集者」から選択できま
す。

⚠ **Check**

**Googleドライブで共有ファイルを
開くには**

共有したファイルは、Googleドライブの画
面下部の「共有中」から開くことができます。
ドキュメントアプリの場合は、メニューの「共
有アイテム」から開けます。

09

追加したユーザーを除外する

1 🔾をタップ。

2 削除するユーザーのアイコンをタッ
プ。

3 ユーザーをタップし、「削除」をタッ
プ。

197

紙の資料をPDFにする

大量の資料もPDF化すれば常に持ち歩ける

紙の資料も、PDF化してGoogleドライブに保存できます。PDF化しておけば、外出先でもスマホを介して確認でき、紛失して探すこともなくなります。スマホのカメラとGoogleドライブの機能でPDF化が可能です。

カメラで撮ってPDFとして保存する

1 ドライブの画面で「スキャン」ボタンをタップ。カメラへのアクセス許可のメッセージが出たら「OK」をタップ。

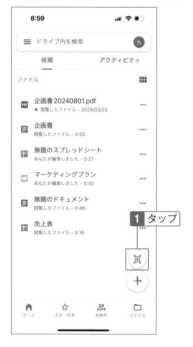

2 被写体を映すと自動的にスキャンする。または◯をタップ。「保存」(Androidは「完了」)をタップ。

3 「保存」をタップするとドライブに保存される。写真へのアクセス許可のメッセージは「OK」をタップ。

⚠ Check

紙の資料をPDFにするには

　Googleドキュメントのスキャン機能を使うとPDF形式で保存されます。

Google アプリで
いろいろなことを調べよう

Google アプリはビジネスでもプライベートにおいても役立つ万能ツールです。気になるアイテムがあるときは声で検索できますし、目の前のモノについて知りたいときは Google レンズを使って瞬時に調べられます。入力の手間と時間を省略できて効率的なので、まだ使ったことがない人は試してみてください。

10-01

Googleアプリを使用する

シンプルなアプリだが、最新機能で効率的に情報収集ができる

Chapter02ではChromeを使ってGoogleの検索機能を紹介しましたが、Googleアプリでもさまざまな情報を検索して入手できます。特に音声検索やGoogleレンズによる検索はとても便利なので活用してください。

Googleアプリをインストールする

1 「Google」アプリをインストールし、「Google」アプリのアイコンをタップ。

2 Googleアプリが開く。

📋 Note

Googleアプリとは

ウェブ検索だけでなく、音声検索、画像検索、Googleレンズを使った検索など、さまざま方法で情報収集ができるアプリです。また、興味や場所に基づいて、関心がありそうな記事が表示されるので役立つ情報を効率よく入手できます。

❶ AIを使った機能を試験的に使える

❷ 検索とGemini（Chapter11参照）を切り替える

❸ キーワードを入力して調べられる

❹ 音声で調べられる

❺ Googleレンズで調べられる

❻ それぞれをタップして調べられる。

❼ 興味や場所に基づいて記事が表示される

❽ Googleアプリのホーム画面を表示する

❾ 検索結果をタブで分けて表示する

❿ 記事をフォローしたときに通知が表示される

⚠ Check

画面が違う

　ここではiPhoneの画面で解説しています。AndroidのGoogleアプリは多少画面が異なります。

音声で検索する

1 ⏺ をタップ。マイクへのアクセスは許可する。

2 調べたいことを話しかけると文字が入力される。

3 検索結果が表示され、読み上げてくれる。

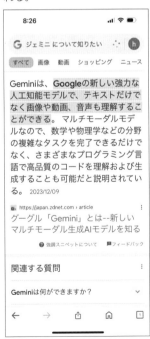

10-02

曲名や歌手名がわからない音楽を調べる

ハミングで曲名や歌手名を調べられる

曲の名前を思い出せないとき、あるいは誰が歌っているのかを思い出せないときに、Google アプリを使えば歌って曲名や歌手名を調べることができます。歌詞がわからなくても、ハミングで検索することが可能です。

ハミングで曲名と歌手名を検索する

1　「曲の情報を調べる」をタップ。隠れている場合は横にスワイプする。

2　歌を歌ったり、ハミングしたりする。

3　曲名や歌手名が表示される。タップすると詳細が表示される。

建築物の写真から名称を調べる

出張先で見かけた建物の名称を忘れてしまったときに

出張先や旅先で見た建物の名前を思い出せないとき、名前を入力できないので探すのに時間がかかる場合があります。もし写真を撮ってスマホに保存してあるのなら、Googleレンズを使うと、写真を元に調べることができます。

撮影済みの写真で検索する

1 📷をタップ。写真へのアクセスは許可する。

2 写真を選択。

3 四隅をドラッグして建築物を囲む。写真の下にある「検索」をタップすると下部に名称や説明が表示される。

📖 Note

Googleレンズとは

Googleレンズは、目の前にあるものをカメラで検索できる機能です。翻訳や宿題のサポートもできます。

10-04

いま見ている植物の名前や育て方を調べる

文字を入力しないで調べられるので便利

Googleレンズは撮影済みの写真だけではありません。道端で見つけた植物の名前がわからないときや公園で見かけた鳥の種類などをGoogleレンズで調べることができます。キーワードで検索しなくても、写し出して検索できるので便利です。

カメラで検索する

1 ⊡をタップ。

2 シャッターボタンをタップ。

3 表示された枠の四隅をドラッグして囲むと、名称や説明、関連するWebサイトが表示される。

⚠ Check

Googleレンズの検索結果

　手順3の画面では、名称や説明の他にも、関連するWebサイト、ネットショップの商品などが表示されます。

10-05

英文の紙文書を翻訳して読む

外国語が読めなくても、Googleレンズで翻訳ができる

Googleレンズを使えば英語で書かれた文書や新聞を翻訳して読むことができます。その場で写し出してもよいですし、撮影済みの写真も可能です。GmailやGoogleドキュメントで使いたいときに、コピーして貼り付けるよいでしょう。英語だけでなく、さまざまな言語に対応しています。

英語を日本語にする

1 SECTION10-03の手順1の後、英文書を写し出し、「翻訳」をタップ。

2 翻訳される。ピンチアウトして拡大も可。🄖ボタンをタップ。

3 ドラッグしてコピーできる（次のSECTION参照）。

⚠ Check

日本語以外に翻訳したい

他の言語に翻訳したい場合は、「日本語」をタップして、別の言語を選択してください。

10-06

写真に写っている文字を取り出して貼り付ける

紙文書を手入力するのが面倒なときに

Googleレンズは、写し出したものを調べられるだけでなく、写っている文字をテキストにすることが可能です。たとえば、黒板に書いてある文字を写し出して、メールやWordなどのアプリに貼り付けることができます。

テキストをコピーする

1 SECTION10-03の手順1の後、文書を写し出して🔍をタップ。

2 四隅をドラッグして必要な部分を囲む

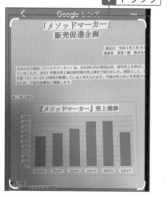

3 テキストにする部分をドラッグし、下部の「テキストをコピー」をタップするとコピーできる。その後メールアプリやLINEなどにペーストする。

💡 Hint

数学の宿題を解答してもらう

Googleレンズは、数学や化学の問題も解いてくれます。宿題を映し出し、手順3で「宿題」をタップすると解答が表示されます。

Googleの生成AIサービス
Geminiを使ってみよう

AI技術が急速に進化する中、Googleの生成AI「Gemini」が注目されています。Geminiを活用すれば、人間がおこなう作業を代行し、日々の仕事を迅速に進めることが可能です。マーケティングキャンペーンの企画、製品開発のアイデア出し、原稿の校正に至るまで、Geminiはさまざまなシーンで力を発揮します。この章でGeminiの基本的な使い方を説明するのでお試しください。

11-01

Geminiを使用する

時間を節約し、業務の効率を向上させるGoogleの生成AI

話題のGeminiを使ってみましょう。iPhoneの場合はChapter10のGoogleアプリを使用し、Androidの場合はGeminiアプリをインストールして使用します。画面は異なるものの、入力するプロンプト（指示文）は共通なので、対話の方法を覚えましょう。なお、Googleアカウントでログインして使用してください。

Geminiの画面を表示する

1 Googleアプリ（Androidの場合はGeminiアプリ）のアイコンをタップ。

2 iPhoneのGoogleアプリの場合、「Gemini」タブをタップするとGeminiの画面が表示される（ログインが必要）。

📑 Note

Geminiとは

Geminiは、Googleの生成AIサービスで、文章作成・要約、情報探索、アイデア生成、画像生成などを幅広くサポートします。複雑な操作方法を学ぶ必要はなく、プロンプト（指示文）を入力すれば、人間のように回答してくれるため、誰でも容易に利用することが可能です。

⚠ Check

AndroidやパソコンでGeminiを使う場合

iPhoneの場合は、GoogleアプリでGeminiを使用しますが、Androidの場合はGeminiアプリを使用します。パソコンの場合は、「gemini.google.com」にアクセスして利用します。画面は異なりますが、対話方法は同じです。

キャッチコピーを考えてもらう

1️⃣ 入力ボックスに指示文を入力し、📤 をタップ。

1 入力

2 タップ

2️⃣ 回答が表示される。

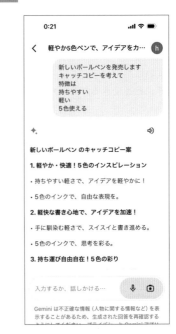

11

Google の生成 AI サービス Gemini を使ってみよう

💡 Hint

キャッチコピーを考えてもらうときのポイント

　質問だけでなく、背景や条件を入れながら具体的に入力することがポイントです。たとえば、新発売のボールペンのキャッチコピーを考えてもらう場合、「ボールペンのキャッチコピーを考えて」ではなく、「新発売」「持ちやすい」「軽い」「5色使える」など、詳しく入力します。また、「10個考えて」と入力すると、一度に10個答えてくれるので、何度も聞かなくてもすみます。提案に気に入ったものがない場合は、「他にもある？」と入力してさらに聞いてみましょう。

⚠ Check

音声入力を使用する

　入力ボックスの右下にある「マイク」をタップし、話しかけると音声入力ができます。

⚠ Check

Gemini を使用する際の注意点

　Gemini との会話は、Google の製品・サービス、機械学習技術の向上に活用されます。人間のレビュアーが確認することもあるので、機密情報や知られたくない内容、Google に使われたくない情報は入力しないようにしましょう。

💡 Hint

広い画面で入力したい

　手順1で、右上にある ⛶ をタップすると画面を広くして入力できます。元に戻すには右上の ⛶ をタップします。

11-02

Gmailの文章をGeminiに作成してもらう

メールの文章を書くのが苦手な人や書き方に迷うときに

仕事の依頼やお詫びのメールは、適切な文章を選ぶのが難しい場合があります。Gemini を活用すれば要望に応じたメール文を作成してくれます。作成された文章は、直接Gmail の下書きに転送できるため、メール作成にかかる手間を大幅に削減できます。

Gmailの下書きを作成する

1 回答をスワイプして最下部に移動し、🔢 をタップ。その後「Gmailで下書きを作成」をタップ。

2 「開く」をタップ。

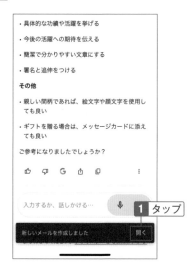

3 Gmailが開き、下書きとして表示されるのでタップしてメールを送信する。

11-03

Geminiの回答をGoogleドキュメントで使用する

Geminiの回答をコピーせずにドキュメントを作成できる

Googleドキュメントで文書を作成する際、Geminiの回答を使いたいときもあります。コピーして貼り付けなくてもGeminiの画面から簡単にエクスポートできます。Googleドキュメントを開く手間を省いて、時間を節約しましょう。

Googleドキュメントにエクスポートする

1 回答をスワイプして最下部にある ⋮ をタップし、「Googleドキュメントにエクスポート」をタップ。

2 「開く」をタップするとGogoleドキュメントが開いて回答が表示される。

💡 Hint

Google Workspaceと連携させて使うには

右上のアカウントアイコンから「拡張機能」をタップして「Google Workspace」をオンにすると、自身のGmailやドキュメントから情報を探してくれます。「@」を入力し、GmialやGoogleドキュメントを選択して知りたいことを入力してください。なお、Gmailの設定画面で「データのプライバシー」→「他のGoogleサービスのスマート機能とパーソナライズ」をオンにしておく必要があります。

11-04

カジュアルな表現や専門的な表現にする

初心者向けや専門家向けなどに文章を変更できる

文章の書き方は、読者層や掲載先に応じて大きく変わります。たとえば、一般ユーザー向けのサイトに掲載する文章と、ビジネス関係者を対象としたサイトに載せる文章では、使用する表現が異なります。Gemini では、回答の文章をカジュアルな言い回しや専門的な言葉遣いに簡単に変えることが可能です。

回答を書き換える

1 回答の下にある┇をタップし、「回答を書き換える」をタップ。

2 「カジュアルな表現にする」または「専門的な表現にする」を選択。

3 カジュアルな表現に変更された。

11-05

複数の回答から選んで使用する

多角的な視点から情報を集めたいとき

Geminiの回答は、必ずしも最初に提示されたものが最適であるとは限りません。思い通りの回答が出なかった場合、再度入力せずに他の回答案を表示することが可能です。一つの質問から得られる知識を広げて、さまざまな角度から検討しましょう。

他の回答案を表示する

1 回答の下にある ⋮ をタップし、「他の回答案」をタップ。

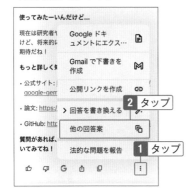

2 横にスワイプすると別の回答が表示される。

3 「この回答案を使用する」をタップすると、回答が反映される。

11-06

残したくない会話を削除する

残したくない会話や見られたくない質問が多いときに

Geminiは、過去に質問した内容を考慮しながら表示してくれます。ですが、残しておきたくない会話もあるでしょう。そのようなときは削除することが可能です。ただし、削除してもGoogleのデータとしては残るということも知っておきましょう。

最近のチャットを削除する

1 「最近」の右にある「>」をタップ。

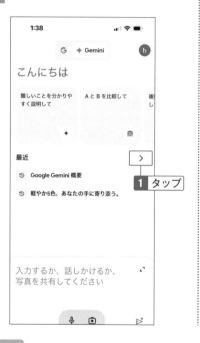

2 削除する会話の**⋮**をタップし、「削除」をタップ。メッセージが表示されるので「確認」をタップ。

💡Hint

アカウントに保存せずに使用する

　会話を削除すると、データがGoogleアカウントから切り離されます。また、画面右上のプロフィールアイコンをタップし、「Gemini アプリアクティビティ」→「Gemini アプリアクティビティ」の「オフにする」をタップすると、アカウントに保存されず、最近の会話にも表示されなくなります。ただし、最長72時間はアカウントに保存されます。また、人間のレビュアーが確認または注釈を付けた会話については、Googleのデータとして最長3年間保存されます。なお、回答の精度が落ちる場合があるので、「Geminiアプリアクティビティ」はオンにすることをおすすめします。

11-07

YouTube動画を提案してもらう

条件に見合うYouTube動画を探してもらえる

たとえば、新企画のアイデアを考えているときに、GeminiでYouTube動画を探すことができます。「マーケティング戦略」や「製品デザイン」などのキーワードや特定のニーズを入力すれば、YouTubeの膨大な動画の中から、適した動画を素早く見つけることが可能です。

動画を見つけてもらう

1 どのような動画を探しているかを入力して送信する。

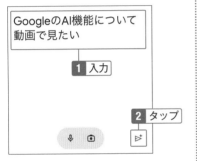

2 リンクをタップするとYouTubeアプリに移動して視聴できる。

3 回答に動画が表示された場合は再生ボタンをタップしてそのまま視聴できる。

⚠ Check

拡張機能をオンにする

右上のアカウントアイコンをタップし、「拡張機能」の「YouTube」をオンにしましょう。

文章を校正してもらう

人間の目では見つけづらいミスを修正してくれる

Geminiを使えば、文書上の文法の誤りを修正し、表現が豊かになります。ビジネス文書で誤字を見つけてくれたり、プライベートのブログで読者を引きつけるような文章を作成したりなど、さまざまな文章作成に役立てることが可能です。

文法上の誤りや誤字などを見つけてもらう

1「次の文を校正して」と入力して、文章を入力して送信。

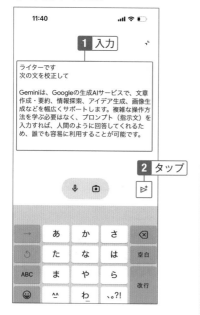

2 校正してくれた。

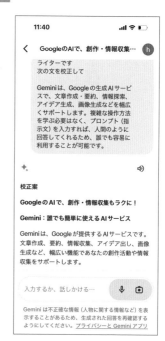

💡 Hint

校正してもらうときのポイント

　「校正して」と入力し、文章を入力すれば、文法上の誤りや漢字のミスを修正して文章を返してくれます。校正するだけでなく、もっとインパクトのある文章にしたい場合は、「文章の種類」「あなたの職業」「対象とする読者層」など、具体的な情報も入力するとふさわしい文章を提案してくれます。

⚠ Check

書籍やWebサイトに掲載する場合

　Geminiの回答をそのまま掲載するのではなく、信憑性を確認し、自分の言葉で執筆した方がよいです。改善点を指摘してくれる場合もあるので、AIの力を借りて質の高い文章を執筆しましょう。

文章を要約してもらう

難しい文章や長文を読むのが面倒なときに

長文の内容を把握するには時間がかかるものです。タイムパフォーマンスを優先したいのであれば、Geminiに要約してもらいましょう。そうすれば、必要な情報を迅速に入手でき、その時間を別の仕事に充てることができます。

長文を要約する

1 「次の文を要約して」と入力し、文章を入力して送信。

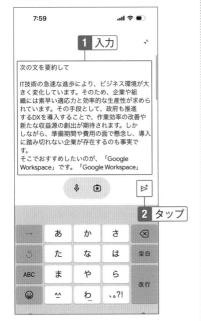

2 要約してくれる。

🔦 Hint

長文を要約するときのポイント

　AIと言っても、指示文は入力しなくてはいけません。長文の入力は手間がかかるので、Webサイトや電子書籍の場合は文章をコピーして貼り付けましょう。紙文書の場合は、SECTION10-06の方法で撮影してテキストをコピーして貼り付けてください。

🔦 Hint

音読してもらうには

　手順2の画面右上にある 🔊 をタップすると、音読してくれます。

Google の生成AIサービスGeminiを使ってみよう

11-10

小説を書いてもらう

時間がかかる小説を瞬時に書いてくれる

小説を書くことは才能が必要で、時間もかかります。そこでGeminiに作成してもらいましょう。構成からキャラクター、情感あふれる描写まで、思いつかないような文章を提案してくれます。ただし、執筆時点では、長文には対応していません。

イメージを伝えて小説を書く

1 どのような小説を書いてほしいかを入力して送信。

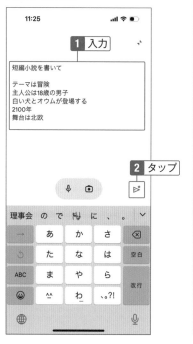

2 章の構成や登場人物の名前も考えてくれる。

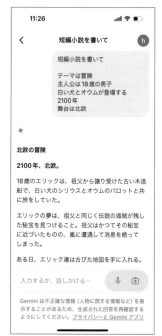

小説を書いてもらうときのポイント

　小説を書いてもらう場合は、「ジャンル」「登場人物」「時代」「場所」などを入力します。ただし、文字数が数千文字程度までなので、1万文字以上の小説は書いてくれません。長編小説を書いてほしい場合は、小説の構成を考えてもらうとよいでしょう。

比較表を作成してもらう

表作成ができ、比較の対象となる項目名も作成してくれる

製品やサービスの評価を示す際に欠かせないのが比較表です。Geminiを利用することで、複雑なデータを手軽に整理でき、直感的な表を作成してくれます。これまで時間をかけて作成していた表が簡単にできるので活用しましょう。作成後、SECTION11-03の方法でGogoleドキュメントに送りましょう。

2つのデータを比較する

1 「比較表を作成して」と入力し、内容を入力して送信。

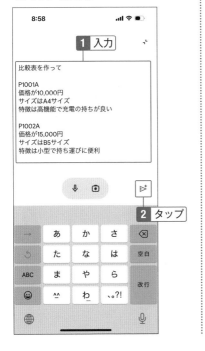

2 表を作成してくれた。

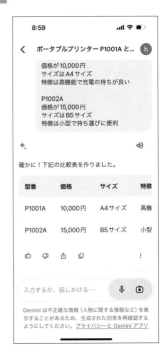

11

Googleの生成AIサービスGeminiを使ってみよう

🔖 Hint

比較表を作成するときのポイント

　まず、比較する項目と内容を明確にしましょう。何と何を比較するのか、そして「価格」「性能」「サイズ」「機能」などの比較項目や基準を入力してください。その際、改行を入れた方が認識してもらいやすいです。また、商品名や価格などの項目名は、先頭行に入力しましょう。

わからないことを画像で質問する

文字に表さなくても、撮影した写真を元に答えてもらえる

「この作業は何をしている？」「ここはどこの写真？」のように知りたいときは、画像を
アップロードすると、Geminiが画像を読み取って回答してくれます。画像だけでなく、
いくつかの情報を入力すると、より正確な答えに近づきます。

写真をアップロードして質問する

1 「カメラ」ボタンをタップして写真を
指定する。

2 文章を入力して、▷をタップ。

🎈 Hint

画像で質問するときのポイント

　写真に必要なものが写っていないと判別しづらい場合があるので、「どこにいるか」「何をしているの
か」「周囲にあるものや人物」がわかる写真やイラストを追加してください。また、ぼやけた画像ではな
く、鮮明な画像を用意しましょう。なお、1回の質問に対して1画像です。別の画像にする場合は差し替
えてください。

11-13

画像を作成してもらう

SNSの投稿やブログのアイキャッチ作成に使える

たとえば、記事の内容に合う写真が必要なとき、素材サイトから探すのは手間がかかります。Geminiを使えば、条件に合う画像を作成することが可能です。著作権に気を付ける必要はありますが、問題がない画像なら使用できます。なお、執筆時点では英語のみのサポートです。

条件を指定して画像生成する

1 「create image」と入力し、何の画像が欲しいかを入力して送信。

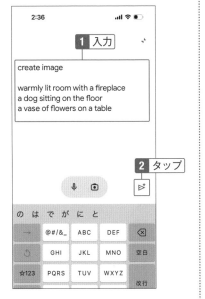

2 画像が生成された。他の候補を表示するには「さらに生成」をタップ。

🖊 Hint

画像生成をお願いするときのポイント

何を書いてほしいか、どんなジャンルの画像かなど、なるべく詳しく入力します。色調やトーン、背景、ポーズや表情などなども入力しましょう。目的の画像が得られない場合は、「さらに生成」をタップして再生成してくれます。なお、ネット上の画像を使って生成するため、著作権の侵害に気を付ける必要があります。

⚠ Check

英語での質問

執筆時点では、日本語で画像生成はできません。英語が苦手な人は、「次の文を英語にして」と入力して日本語を入力し、英文にしてもらいましょう。

11-14

iPhoneの電源が入らないときの対処法を教えてもらう

精密機械や電化製品が突然機能しなくなったときに

「ある日突然スマホが動作しなくなった」「掃除機が動かなくなった」ということもあります。メーカーに問い合わせる前に、Geminiに聞いてみましょう。ブラウザで文字を入力して検索するよりも速く、そして詳細な対処法を探すことができます。急いでいるときは音声入力を使うとよいでしょう。

故障時の対処法を調べる

1 状況を入力し、「原因と可能な対処法を教えて」と入力して送信。

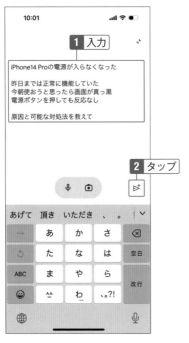

2 原因と対処法を教えてくれる。

🔎 Hint

故障品の対処法を聞くときのポイント

　まずは、製品名や機種名を正しく入力しましょう。家電の場合はバリエーションが豊富なので型番も入力します。そして、問題の発生状況を詳細に説明してください。「いつ発生したか」「どのような状況で発生したか」「突然の故障か」「何らかの操作を試したか」など、状況を具体的に入力します。パソコンが故障した場合は、エラーメッセージを入力すると最適な回答を得やすいです。

加工もできるGoogleフォト
で写真や動画を管理しよう

プレゼン資料に使う写真、会社のホームページに載せる写真な
ど、ビジネスでも写真を扱う機会はたくさんあります。Goog
leフォトを使うと、スマホにある写真をインターネット上の特
別な場所に保管しておくことができ、いつでもどの端末からで
も写真を見られるようになります。この章で、Googleフォト
の使い方を覚えましょう。

12-01

Google フォトを使う

写真の管理だけでなく、編集や共有も可能

Google フォトアプリを使えば、どの端末からでもログインして写真を閲覧できます。また、スマホで撮影した写真を編集することもできるので、他のアプリを使わずに見栄えの良い写真にすることが可能です。

Google フォトの画面を表示する

1 「Google フォト」アプリをインストールし、「Google フォト」をタップ。Android の場合ははじめからインストールされている。

2 「○○さんとしてバックアップ」をタップ。

📋 Note

Google フォトとは

　Google フォトは、写真と動画を管理できるインターネットサービスです。どの端末からもアクセスすることが可能なので必要なときにいつでも閲覧でき、他の人と共有することも可能です。また、スマホで撮影した写真を自動的にアップロードできるのでバックアップとしても使えます。明るさやコントラストを調整する機能もあるので、上手く撮れなかった写真を補正するのも良いでしょう。

📋 Note

バックアップとは

　手順4でバックアップを許可すると、スマホの写真や動画が自動的に Google フォトにアップロードされます。バックアップを使わない場合は、SECTION12-16を参照してください。なお、無料で使える容量は、Google ドライブや Gmail での使用量を含めて15GBです。容量を増やしたい場合は、有料の Google One プランを使用してください。

3 写真へのアクセスについて表示され
たら「許可」をタップ。

4 「すべての写真へのアクセスを許可」
をタップし、次の画面で「フルアク
セスを許可」をタップ。

💡 Hint

パソコンでGoogleフォトを使うには

　パソコンの場合は、Googleのトップページ
（https：//www.google.co.jp）の右上にある
▦をクリックして「フォト」をクリックする
か、「https：//photos.google.com/」にアク
セスします。

5 Googleフォトが表示された。

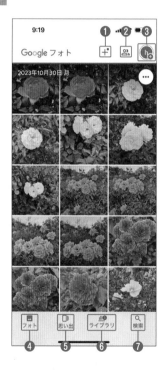

❶ ➕：写真や動画を追加する
❷ 共有する際にタップする
❸ バックアップのオン・オフ、アカウン
　トの管理、保存容量を確認する
❹ フォト：写真が表示される
❺ 思い出：思い出の写真を作成・表示す
　る
❻ ライブラリ：お気に入りやアーカイブ、
　ゴミ箱の写真や動画を表示する
❼ 検索：写真や動画を検索する

12

加工もできるGoogleフォトで写真や動画を管理しよう

225

12-02

関連のある写真をアルバムでまとめる

特定のイベントやテーマで写真をまとめたいときに

仕事で使う写真とプライベートの写真が混ざっていると、見るのも探すのも効率がよくありません。そのようなときはアルバムを作成してまとめておきましょう。複数枚の写真をまとめて他の人に見せたいときにも役立ちます。

アルバムを作成する

1 下部の「フォト」をタップし、上部の「＋」をタップ。

2 「アルバム」をタップ。

3 アルバムの名前を入力。

📒 Note

アルバムとは

　アルバムとは、複数の写真をまとめて管理できる機能のことです。関連のある写真をアルバムでグループにすれば、必要な写真がすぐに見つかります。また、他の人に複数の写真を見せたいときにも役立ちます。

4 「写真を選択」をタップ。

5 写真の〇をタップしてチェックを付け（複数も可）、「追加」をタップ。

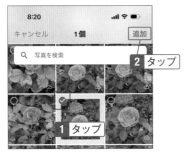

6 アルバムを作成した。左上の「<」（Androidの場合は「←」）をタップして戻る。

後からアルバムに写真を追加する

1 下部の「ライブラリ」をタップして、作成したアルバムをタップ。

2 別の写真をタップし、「写真の追加」をタップすると追加できる。

⚠ Check

アルバムを削除するには

手順2の画面右上にある⊡をタップし、「アルバムを削除」をタップして削除できます。

12-03

他のユーザーと写真を共有する

チームやサークルでメンバーと写真を共有するときに

イベントで撮影した写真や店舗の動画などを他のユーザーと共有することができます。Googleアカウントを持っているユーザーなら、その人のGoogleフォトアプリに表示されるので、メールで送信したり、ダウンロードしてもらったりする必要がありません。

共有の設定をする

1 写真を開き、「共有」をタップ。連絡先へのアクセスについてのメッセージは、連絡先のユーザーを使う場合は許可する。ここでは「許可しない」をタップ。

2 共有する相手をタップ。一覧にない場合は「もっと見る」をタップしてメールアドレスを入力。

> ⚠ **Check**
>
> **写真の共有**
>
> ここでの方法で共有できるのは、Googleアカウントを持っているユーザーまたは連絡先に登録しているユーザーです（連絡先へのアクセスを許可した場合）。それ以外のユーザーに共有する場合は、手順2で「共有相手」をタップしてLINEやメールで送信します。

3 「送信」をタップ。メールを受け取った相手はリンクをクリックするとアルバムを開ける。

4 「完了」をタップ。

💡 **Hint**

Googleレンズで調べる

手順1の下部にある「レンズ」をタップすると、Chapter10で紹介したGoogleレンズを使って調べることができます。

共有している写真を見る

1 🖼をタップ。

2 共有しているユーザーが表示され、タップで写真が表示される。

💡 **Hint**

パソコン版Googleフォトで写真を共有するには

パソコンのGoogleフォトの場合は、写真やアルバムを選択し、🔗をクリックして送り先やリンクの取得ができます。

12-04

アルバムを共有して複数の写真を見てもらう

複数の相手とそれぞれ別の条件で写真を共有したいときに

前のSECTIONでは1枚の写真を共有しましたが、複数の写真を見てもらう場合は、アルバムごと共有する方法があります。あとから写真を追加することもできるので、カテゴリごとにアルバムを作成して共有すると良いでしょう。

共有アルバムを作成する

1 🖼をタップ。

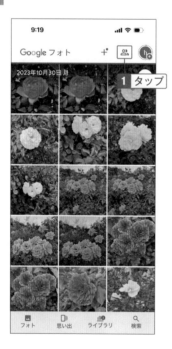

2 「共有アルバムを作成」をタップ。

3 アルバム名を入力。続いて「写真を選択」をタップして写真を追加する。

📓 **Note**

共有アルバムとは

共有アルバムを使うと、特定の人物が写った写真を共有したり、特定日以降の写真のみを共有したりなどができ、後から追加した写真も共有されます。なお、フォトライブラリを共有できるのは一度に1人だけです。

4 「共有」をタップ。

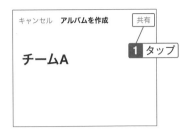

5 招待する人をタップ。一覧にない場合は「もっと見る」をタップしてアドレスを入力する。

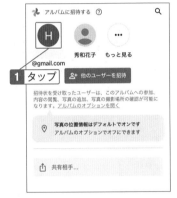

6 「送信」をタップ。

招待を受ける

1 招待された人は、Googleフォトの画面で吕をタップ。

2 共有アルバムが表示され、写真を開ける。

12

加工もできるGoogleフォトで写真や動画を管理しよう

231

12-05

写真をアーカイブして非表示にする

あまり見たくない写真や頻繁に見ない写真はアーカイブする

第三者にスマホの画面をのぞき見されることがあるかもしれません。フォト画面に表示させたくない写真があればアーカイブしましょう。非表示にしたからといって削除されたわけでなく、いつでも見られるので安心してください。

アーカイブに移動する

1 「フォト」をタップし、写真をタップして開く。

2 右上の◎（Androidは⋮）をタップ。

1 タップ

📄 Note

アーカイブとは

画面下部の「フォト」をタップした画面に表示させたくない場合にアーカイブを使います。アーカイブを開けば写真を開くことはできるため、隠したい写真や動画はSECTION12-17のロックを使用してください。

💡 Hint

一度に複数の写真をアーカイブするには

「フォト」にある写真を長押しし、それぞれの写真をタップしてチェックを付けると、複数の写真を選択できます。その状態で手順2以降の操作をおこなうと、一度に複数の写真をアーカイブできます。

3 「アーカイブ」(Androidは「アーカイブに移動」)をタップ。メッセージが表示されたら「完了」をタップし、「<」(Androidは「←」)をタップ。

4 写真が非表示になった。

> **⚠ Check**
>
> **ファイルを開かずにアーカイブするには**
> 「フォト」画面にある写真を長押しし、「アーカイブ」をタップします。

アーカイブした写真を見る

1 「ライブラリ」をタップし、「アーカイブ」をタップ。

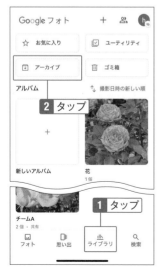

2 写真をタップして開ける。

12-06

写真をお気に入りに登録する

何度も見たい写真はすぐに開けるように登録しておく

スマホで撮影する写真は次から次へと溜まっていくので、いざ必要になったときに探すのが大変です。何度も見る写真や後で使いそうな写真はお気に入りとして登録しておきましょう。そうすれば、ライブラリの画面からすぐに見つけることができます。

星印を付けてお気に入りにする

1 写真を開き、「☆」をタップして白色の☆にする。その後「＜」（Androidは「←」）をタップして戻る。

2 「ライブラリ」をタップし、「お気に入り」をタップした画面から開ける。

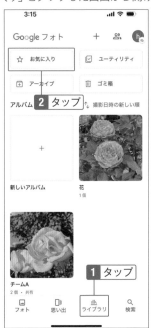

⚠ **Check**

お気に入りに登録

　スマホでの写真撮影の習慣がつくと、次々と写真が溜まり、たとえばSNSに投稿する際に探すのに時間がかかる場合があります。撮影時に気に入った写真があれば、お気に入りにしておくことで見つけやすくなります。

⚠ **Check**

動画をお気に入りに登録するには

　動画の場合も、動画を開き、右上の「☆」をタップしてお気に入りとして登録できます。

12-07

写真の必要な部分のみを切り取る

不要な部分を取り除きたいときや被写体を強調したいときに

「撮影した写真の被写体が映えない」ということはよくあります。そのような場合はトリミングしましょう。トリミングして保存しておけば、必要なときにすぐに使えます。周囲の余計な部分をカットするだけで雰囲気が変わるので積極的に活用してください。

トリミングする

1 写真を開いて、「編集」をタップ。

2 「切り抜き」をタップし、四隅をドラッグして必要な部分のみにして「保存」をタップ。

12

加工もできるGoogleフォトで写真や動画を管理しよう

💡 Hint

高度な編集をするには

有料のGoogle Oneを申し込むと、写り込んでいるものを消去したり、撮影後に写真背景をぼかしたりなどが可能です。Google Oneで使える機能には■がついています。

⚠ Check

アスペクト比を指定するには

手順2の画面で■をタップすると、正方形や9：16などの縦横比を指定して切り抜くことができます。

12-08

傾いた写真をまっすぐにする

建物や海岸線の写真などでよく使われる

まっすぐに撮った写真でも、よく見たら傾いていることがあります。失敗したと思って撮り直さなくても、Googleフォトの編集画面で簡単に傾きを直すことが可能です。前のSECTIONの切り抜きと一緒に使用して見栄え良く仕上げましょう。

写真の角度を調整する

1 写真を開き、「編集」をタップ。

2 「切り抜き」をタップし、スライダをドラッグして傾きを修正して「保存」をタップ。

⚠ Check

90度、180度回転させるには

　ここでの方法でスライダを使って回転させてもよいですが、90度または180度と回転させる場合は、スライダの下にある🔄をタップした方が手早くできます。

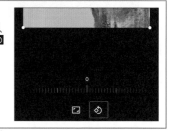

12-09

フィルタで写真の雰囲気を変える

おしゃれな写真にしたいのならフィルタを使おう

スマホで撮った写真の雰囲気が気に入らないときもあるでしょう。そのような場合は、「フィルタ」を使うと写真の風合いを変えることができます。特にSNSに投稿する際には、華やかな写真やシックな写真が好まれるので試してください。個性的な写真にしたいときにもおすすめです。

フィルタを設定する

1️⃣ 写真を開き、下部の「編集」をタップ。続いて横方向にドラッグして「フィルタ」をタップ。

2️⃣ 写真を見ながら、好みのフィルタをタップして「保存」をタップ。

加工もできるGoogleフォトで写真や動画を管理しよう

⚠️ **Check**

フィルタの強さを調整

目的のフィルタをタップした後、再度そのフィルタをタップすると、スライダが表示されます。スライダをドラッグするとフィルタの強さを調整できます。

12-10

写真の明るさやコントラストを調整する

明るさとコンストラストの調整で写真の見栄えが変わる

天気が悪い日や室内で撮った写真は、暗く写ってしまう場合がありますが、Googleフォトの編集画面で明るくすることができます。明暗差を出すためのコントラストの調整も可能なので、明るさと一緒に調整しながら見栄えの良い写真にしましょう。

明るさを設定する

1 SECTION12-08手順1の画面で「編集」をタップ。続いて「調整」をタップし、「明るさ」をタップ。

2 明るさを調整する画面が表示される。スライダを右方向にドラッグすると明るく、左方向にドラッグすると暗くできる。調整後「完了」をタップ。

💡 Hint

見栄えの良い写真にするには

ここでは明るさとコントラストを紹介しますが、同様に彩度も調整しましょう。色味を変えたい場合は、「色温度」や「色合い」も調節してください。これらの調整とSECTION12-07のトリミングを使うことで、元の写真より見栄え良くなります。

コントラストを調整する

1 「コントラスト」をタップ。

1 タップ

2 ドラッグして調整し、「完了」をタップ。

1 ドラッグ

2 タップ

3 「保存」をタップ。

1 タップ

4 「保存」をタップ。上書きしない場合は「コピーを保存」をタップ。

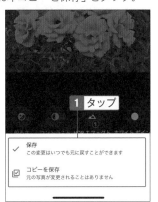

1 タップ

保存
この変更はいつでも元に戻すことができます

コピーを保存
元の写真が変更されることはありません

⚠ Check

コントラストを調整する

コントラストは、明暗差のことで、明るい部分は明るく、暗い部分は暗くすることです。明るさと一緒に調整することで仕上がりがよくなります。手順1の画面で「コントラスト」をタップし、スライダで調整してください。

複数の写真を並べた画像を作成する

一度に複数枚の写真を見せたいときはコラージュを使う

複数枚の写真を並べて1枚の写真にすることを「コラージュ」といいます。ビフォーアフターのように、1度に複数枚の写真を見てもらいたいときや関連のある写真を1枚にまとめたいときに役立ちます。すべてのレイアウトを使いたい場合は、有料のGoogle Oneを申し込んでください。

コラージュを作成する

1 「＋」をタップし、「コラージュ」をタップ。

2 使用する写真をタップして選択し、「作成」をタップ。

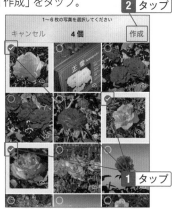

📓 Note

コラージュとは

コラージュは、複数の写真をまとめて1枚の写真にする技法です。Googleフォトでは、コラージュのレイアウトが用意されているので写真を選択するだけで作成できます。ただし、すべてのレイアウトを使うには有料Google Oneを申し込む必要があります。

3 レイアウトを選択し、写真を長押し。

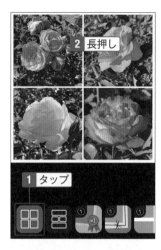

4 ドラッグして順序を入れ替える。

5 写真をタップし、ピンチアウトして
必要な部分のみが見えるようにす
る。「完了」をタップ。

6 「保存」をタップ。

12-12

写真から動画を作成する

Googleフォトで簡単な動画を作れる

写真を使って動画を作ってみましょう。写真を1枚1枚見せるよりも、一つの動画にすれば、短時間で内容を把握してもらうことができます。自社サイトやSNSに載せるために作成してもよいですし、旅行の写真を動画にするのもおすすめです。

ハイライト動画を作成する

1 「＋」をタップし、「ハイライト動画」
をタップ。

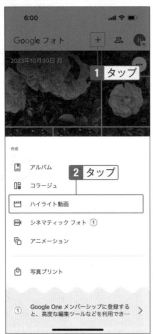

2 「写真を選択」をタップ。

📖 Note

ハイライト動画とは

写真を使って動画を作れる機能です。クラウド上の写真から、最大50枚を選択できます。音楽も入れられるので、楽しみながら動画を作れます。

🔧 Hint

GIFアニメーションの作成

手順1で「アニメーション」を選択すると、GIFアニメーション（GIF形式の短い動画）を作成できます。ファイルサイズが小さいため、広告やSNSでも使われています。

3 写真を選択し、「作成」をタップ。

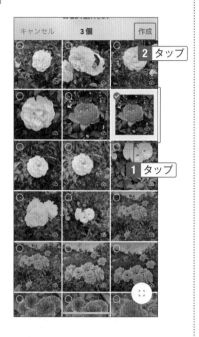

4 「♪」(Androidは「♪」の後に「テーマ音楽」) をタップ。

5 下部でジャンルを選択し、音楽をタップ。その後「完了」をタップ。

6 「再生」ボタンをタップして確認し、「保存」をタップ。

⚠ Check

写真を追加するには

手順6の画面で、「+」をタップして写真を追加することが可能です。

過去に撮影した写真を思い出として残す

大事な写真や記念の写真をいつでも見られる

画面下部の「思い出」をタップした画面では、過去の写真が自動的にピックアップされて表示されます。お気に入りの写真を集めて思い出を作成することも可能です。ここでは思い出の作成方法について説明します。

思い出を作成する

1️⃣ 下部の「思い出」をタップし、「思い出を作成」をタップ。

2️⃣ 思い出にしたい写真の〇をタップし、「追加」をタップ。

⚠️ **Check**

思い出とは

　Google フォトでは、写真と動画が自動的に整理されます。その思い出を自由に変えることができ、他のユーザーと共有することも可能です。

💡 **Hint**

自動的に作成される思い出

　バックアップを有効にしていると、人物やペット、時間をベースとして、自動的に思い出が作成されます。

3 タイトルを入力し、☑をタップ。

4 表紙をタップ。

5 再生される。最後まで再生するか「×」をタップ。その後「＜」（Androidは「←」）をタップして戻る。

6 思い出を作成した。右上の「思い出を追加」をタップすると、別の思い出を作成できる。

⚠ Check

思い出を削除するには

　手順6で写真の右下にある🗑（Androidは🗑）をタップし、「削除」をタップすると思い出が削除されます。削除されるのは思い出のみで、写真自体は削除されません。

12-14

不要な写真を削除する

バックアップをオンにしている場合の削除は注意しよう

不要な写真が増えてきて見づらくなったら、Google フォトから写真を削除しましょう。ただし、バックアップの設定がされていると、Google フォトで写真を削除したときに、スマホの写真も削除されてしまうので注意です。

写真をゴミ箱へ移動する

1 写真をタップして開き、🗑をタップ

1 タップ

共有　編集　レンズ　削除

⚠ Check

写真を削除するときの注意

　バックアップをオンにしていると、写真を削除したときにスマホに保存されている写真も削除されます。ゴミ箱の写真は60日後に自動的に削除されるので、必要な写真をゴミ箱に入れてしまった場合は、早めに戻すようにしてください。

2 同期しているすべての端末からも削除されるという旨のメッセージが表示される。よければ「削除」をタップ（Androidの場合は「ゴミ箱に移動」）。

1 タップ

3 「＜」（Androidは「←」）をタップ。

1 タップ

削除した写真を元に戻す

1 下部の「ライブラリ」をタップし、「ゴミ箱」をタップ。

2 削除した写真がゴミ箱に移動した。「選択」をタップ。

3 写真の○をタップし、「復元」をタップ。メッセージが表示されたら「復元」をタップ。

⚠ Check

ファイルを開かずに削除するには

「フォト」画面にある写真を長押しし、「削除」をタップしても削除できます。

💡 Hint

パソコン版Googleフォトで写真を削除するには

パソコンのGoogleフォトの場合は、写真を選択して上部の🗑をクリックします。ゴミ箱を開くには、画面左のメニューから「ゴミ箱」をクリックします。

12-15

写真の自動アップロードを止める

スマホの写真と同期したくない場合はバックアップをオフにする

自動アップロードを使うと、写真を手動アップロードせずに使えるので便利です。ですが、不要な写真もアップロードされ、ストレージの容量を圧迫することもあります。そのような場合は自動アップロードをオフにして使用することも検討してください。

バックアップを無効にする

1 プロフィールアイコンをタップし、「バックアップ」をタップ。

2 ⚙をタップ。

⚠ Check

バックアップの停止

　Googleフォトを始めるときに、スマホで撮影した写真が自動的にGoogleフォトにアップロードされるようにしましたが、いつでも無効にすることも可能です。

3 「バックアップ」のスライダをタップ
してオフ（白色）にする。

💡 Hint

写真や動画をダウンロードするには

　別の端末からアップロードした写真や動画
をダウンロードする場合は、写真を開き、⬇️を
タップして「ダウンロード」をタップします。

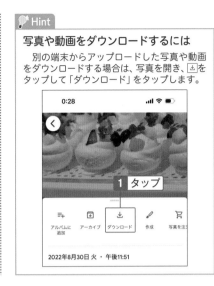

手動で写真をアップロードする

1 まだアップロードしていない写真を
長押しする。

2 「バックアップ」をタップ。

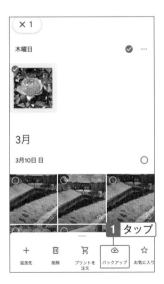

⚠️ Check

写真を開いてアップロードする場合
　写真を開いた状態でも、上部にある◻️をタップしてアップロードすることが可能です。

12

加工もできるGoogleフォトで写真や動画を管理しよう

12-16

プライベートの写真や動画を見られないようにする

隠しておきたい写真や動画はロックされたフォルダに移動する

SECTION12-05のアーカイブの場合、他の人が見ようと思えば見ることができます。誰にも見られたくない写真はロックされたフォルダに移動しましょう。その際、バックアップをオンにした方が安心です。

ロックされたフォルダに移動する

1 写真を開き、右上の●（Androidは⋮）をタップして、横にスワイプして「ロックされたフォルダに移動」をタップ。

2 「ロックされたフォルダを設定する」をタップ。

📖 **Note**

ロックされたフォルダとは

　プライベートな写真や動画を保護するフォルダのことです。ロックされたフォルダの写真や動画は、「フォト」画面や思い出、検索結果、アルバムに表示されなくなります。ライブラリの「ユーティリティ」から開くことはできますが、ロックを解除する際にパスワードや生体認証による解除が必要なので、他の人に見られることがありません。

3 「バックアップをオンにする」をタップ。

0:44

キャンセル

**ロックされたフォルダを
バックアップ**

ロックされたフォルダをバックアップすると、デバイスを変更したり、アプリを削除したりしても、非表示にした写真と動画を安全に保護できます

バックアップしない

バックアップをオンにする

ロックされたフォルダのバックアップについての詳細

1 タップ

4 「移動」をタップ。

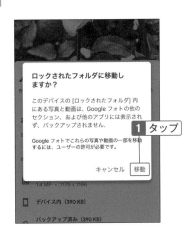

**ロックされたフォルダに移動し
ますか?**

このデバイスの [ロックされたフォルダ] 内にある写真と動画は、Google フォトの他のセクション、および他のアプリには表示されず、バックアップされません。

Google フォトでこれらの写真や動画の一部を移動するには、ユーザーの許可が必要です。

キャンセル　移動

1 タップ

1.4 MP ・ 1179 x 1196

デバイス内（390 KB）

バックアップ済み（390 KB）

5 「削除」をタップ。

**"Google フォト"にこの
写真の削除を許可しますか?**
この写真は、すべてのデバイスの iCloud 写真から削除されます。削除された写真は、"最近削除した項目"に 30 日間残ります。

許可しない　削除

1 タップ

9.1 MP ・ 3024 x 3024 ・ HDR

デバイス内（763 KB）

バックアップ済み（763 KB）
元の画質: 詳細

⚠ Check

**ロックされたフォルダをはじめて使う
場合**

　手順2、3は、はじめてロックされたフォルダを使う場合に表示され、次回以降は表示されません。

⚠ Check

バックアップしない場合

　ロックされたフォルダにある写真や動画で、バックアップしていないものは、Google フォトアプリをアンインストールすると復元できなくなるので気を付けてください。また、そのスマホのみに表示され、他の端末では表示されません。

⚠ Check

**ファイルを開かずロックされた
フォルダに移動するには**

　「フォト」画面にある写真を長押しし、「ロックされたフォルダに移動」をタップしても移動できます。

ロックされたフォルダを開く

1 「ライブラリ」をタップし、「ロック中」(Androidは「ロックされたフォルダ)」

2 「ロックされたフォルダ」をタップ。

3 スマホで使用しているロック解除の方法で解除する。ここではFaceIDを使う。

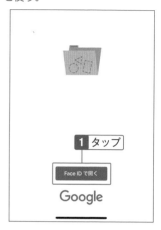

4 ロックされたフォルダが開いて写真を閲覧できる。

Google Keep で覚え書きや
リストを作成しよう

Google Keepを使うと、アイデアや会議のメモを取ったり、持ち物リストを作成したりすることができます。メモには、ラベルやリマインダーを追加して管理することができ、色分けで整理することも可能です。シンプルなアプリですが、複数の端末からアクセスできて便利なので活用してください。

13-01

Google Keepでメモを作成する

文字はもちろん、音声もメモにできる

まずはGoogle Keepをスマホにインストールして、簡単なメモを作成してみましょう。文字入力が苦手な人や長文を入力する場合は、音声メモが役立ちます。思いついたアイデアや会議のメモを忘れないうちに入れておきましょう。

新しいメモを追加する

1 「Google Keep」アプリをインストールし、「Google Keep」をタップ。

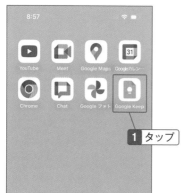

3 メモのタイトルと内容を入力し、「＜」（Androidは「←」）をタップ。

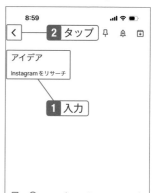

2 「＋」をタップ。

4 メモを入力した。

Google Keepとは

　Google Keepは、Googleが提供するメモ作成サービスです。テキストや写真、音声などを保存し、他のデバイスからもアクセスできるようになっています。パソコンの場合は、ブラウザの右側にKeepを表示させて、いつでも簡単に参照できます。

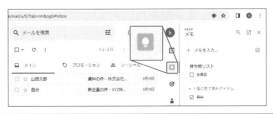

メモを編集する

1 メモをタップ。

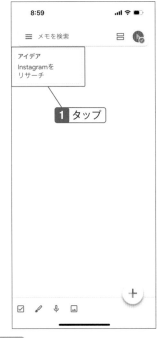

2 編集して、「＜」（Androidは「←」）をタップ。

録音してメモにするには

　文字だけでなく音声もメモとして追加できます。入力が苦手な場合や長文は音声メモで残すとよいでしょう。メモの作成画面下部にある🎤をタップして話しかけると入力できます。

13-02

手書きのメモを作成する

概念図や絵コンテを迅速に書き留めたいときに

Google Keepのメモは、文字だけでなく、手書きもできるので、思いついたアイデアを迅速に書き留めたいときや、概念図として残しておきたいときに使えます。ペンの太さや色を変えられるので、重要な個所は太くしたり赤色にしたりするなど、工夫して使いましょう。

図形を描画する

1　画面下部の 🖉 をタップ。

2　下部でペンの種類を選択。

⚠ Check

作成したメモに手書きを追加するには

　ここでは新規に手書きメモを作成しますが、SECTION13-01のメモに手書きする場合は、画面左下の「＋」をタップし、「図形描画」をタップします。

⚠ Check

ペンの種類

　真ん中のペンは細ペン、右から2つめは太ペン、一番右は蛍光ペンです。

3 ドラッグで自由に描ける。再度ペンをタップ。

`1` タップ

4 色と線の太さを選択できる。

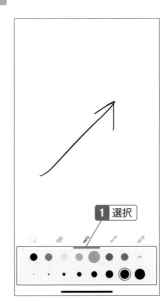

`1` 選択

図形を削除する

1 下部の🖌をタップし、削除する図形をタップ。

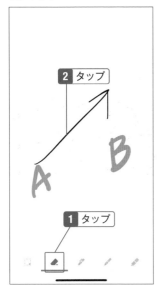

`2` タップ

`1` タップ

2 削除される。

`1` 確認

⚠ Check

図形描画自体を削除するには

右上の⋮をタップし、「削除」をタップすると、すべての図形を削除できます。

13-03

画像メモを作成する

写真やイラストの画像もメモにできる

ホワイトボードの書き込みを撮影してメモにしたり、紙文書をメモにしたりして、登録しておくことが可能です。SECTION13-01で作成した文字のメモに画像を追加することもできるので、文字だけではわかりにくいときには、画像も追加しておきましょう。

メモに写真を追加する

1 最初の画面で、下部の回をタップ。

2 「写真を撮る」（Androidは「写真を撮影」）をタップ。撮影済みの写真を使う場合は「画像を選択」をタップして選択する。

3 「撮影」ボタンをタップ。カメラへのアクセスは許可する。

📓 **Note**

画像メモとは

Google Keepでは、文字だけでなく画像もメモにできます。その場で撮影することも、撮影済みの写真を追加することも可能です。

4 「写真を使用」をタップ。撮り直す場合は「再撮影」をタップして撮影。

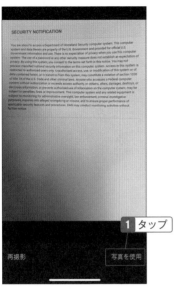

5 画像を追加した。タイトルとメモを入力し、「<」(Androidは「←」)をタップして戻る。

後から写真を追加する

1 SECTION13-01で作成したメモを開き、画面左下の「＋」をタップ。

2 「画像を選択」(Androidは「画像を追加」)をタップして写真を追加する。

13-04

チェックボックス付きのリストを作成する

やることリストや持ち物リストの作成に

チェックボックス付きのリストを作成できます。終わったらタップして完了としましょう。完了した項目は打消し線が付き、グレー表示になるのでひと目で区別できます。次のSECTIONで解説する固定表示も使い、常にチェックできるようにしておくと便利です。

持ち物リストを追加する

1 最初の画面で、下部の☑をタップ。

2 タイトルを入力。項目を入力して改行キーをタップ。

3 2つ目のチェックボックスが表示されるので、項目名を入力。できたら「＜」（Androidは「←」）をタップして戻る。

⚠ Check

チェックボックスを削除するには

作成したチェックボックスを削除するには、入力した項目名をタップし、右端にある「×」をタップします。

項目を完了する

1 メモをタップして開き、確認した項目のチェックボックスをタップ。

2 チェックマークが付く。

💡 Hint

メモを複製して使う

同じようなメモを作成する場合はコピーして使いましょう。メモ一覧でメモを長押しし、右上にある 🔢 をタップし、「コピーを作成」をタップします。

💡 Hint

メモに色や背景を付けるには

メモの作成画面で、下部の 🎨 をタップして、色や背景を設定することが可能です。同類のメモを同じ色にしたり、ひと目でわかるように目立たせたいときに設定してください。

13-05

ラベルを作成してメモを管理する

ラベルを使えばメモを分類でき、検索しやすくなる

多数のメモの中から特定の内容に関連するものを迅速に見つけ出したいときもあります。そのような場合は、同類のメモに同じラベルを設定しましょう。そうすれば、瞬時に見つけられるようになります。

メモにラベルを設定する

1 最初の画面で、メモを長押しし、▢をタップ。

2 ラベル名を入力し、下に表示された「「○○」を作成」をタップ。ここでは「新製品発表会」のラベルを作成。

🔍 Hint

リスト表示とグリッド表示

　手順3の検索ボックス右端にある ▤ をタップすると、メモが1行で表示されるリスト表示になります。反対に ▦ にするとメモが格子状に表示されるグリッド表示になります。全体を見て探したい場合は、グリッド表示がおすすめです。

3 メモにラベルが表示される。検索ボックスをタップ。

4 ラベルをタップ。ここでは「新製品発表会」をタップ。

5 「新製品発表会」のラベルを付けたメモが表示される。

⚠️ **Check**

ラベルの検索

検索ボックスにラベル名を入力しても抽出できます。

⚠️ **Check**

ラベルを解除するには

メモを開き、下部のラベルをタップして、チェックをはずすと解除できます。

時間になったら通知するように設定する

やるべきことや約束事に設定して忘れないようにしよう

Google Keepは、メモするだけでなく、リマインダーを使って通知もできます。指定した時間になったらポップアップで画面に表示されるので気づきます。また、場所のリマインダーを設定して、目的地についたら通知することも可能です。

リマインダーを設定する

1 メモの作成画面で、右上の⑭をタップし、時間を設定。「日時を選択」をタップすると任意の時刻を設定できる。

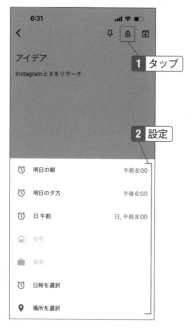

2 通知の許可は「許可」をタップ。その後「＜」をタップ。

📄 Note

リマインダーとは

　リマインダーを使うと、指定した時刻になったときにスマホの画面に通知されます。時間だけでなく、場所を設定してその場所に到着したときに通知することも可能です。

⚠ Check

目的地に着いたら通知するには

　位置情報をオンにしている場合、「場所を選択」をタップして場所を設定すると、その場所に到着したときに通知することができます。

リマインダーを解除する

1 左上の≡をタップ。

2 「リマインダー」をタップ。

3 リマインダーを設定したメモの一覧が表示される。メモをタップ。

4 左下の時間をタップし、「削除」をタップ。

13-07

不要になったメモを削除する

削除しても7日間は復元可能

Google Keepを使っていると、メモが溜まっていきます。残しておく必要がないメモは削除しましょう。削除してもすぐに消失するのではなく、ゴミ箱に入るので元に戻すことが可能です。もし残しておきたいのなら、次のSECTIONのアーカイブを使用してください。

メモをゴミ箱に移動する

1 メモをタップして開き、右下の（⋮）をタップ。

2 「削除」をタップ。

⚠ Check

メモの削除

メモを削除すると「ゴミ箱」に移動します。7日間はゴミ箱に残っているので復元できますが、7日を過ぎると完全に削除されます。

⚠ Check

メモ一覧で特定のメモを削除するには

メモを開かずにメモ一覧で削除するには、メモを長押しして右上の⋮をタップし、「削除」をタップします。

1 左上の☰をタップ。

2 「ゴミ箱」をタップ。

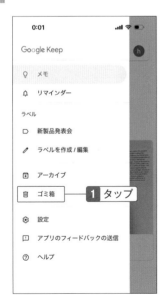

3 削除したメモ一覧が表示される。

4 復元するメモを長押しし、🖼 (Android は🔃) をタップすると元に戻せる。

⚠️ **Check**

その場で完全に削除するには

手順3で「ゴミ箱を空にする」をタップすると完全に削除されます。特定のメモを完全削除するには、メモを長押しし、右上の上部の⋮をタップし、「完全に削除」をタップします。

13-08

不要になったメモをアーカイブして非表示にする

用事が済んだメモは一覧から除外する

前のSECTIONでメモの削除方法を解説しましたが、7日経過すると完全に削除されてしまうため、後から必要になったときに閲覧できません。閲覧する可能性が少しでもあるのなら、メモ一覧から除外できるアーカイブを使用しましょう。

メモ一覧から削除する

1 メモを開き、右上の 🔲 をタップするとアーカイブされる。

3 アーカイブを戻すには 🔲 をタップ。

2 左上の ☰ をタップ。「アーカイブ」をタップするとアーカイブしたメモの一覧が表示され、タップして開ける。

📋 Note

アーカイブとは

削除せずに、メモ一覧から非表示にできるのがアーカイブです。メモが削除されたように見えますが、残っているので安心してください。

YouTubeで動画を
閲覧・投稿しよう

YouTubeは人気の動画配信サービスです。一度はご覧になっ
たことがある方が多いと思います。その一方で、視聴したこと
はあるけれど、投稿はしたことがないという人もいるでしょ
う。YouTubeアプリを使えば、スマホで撮影した動画を簡単
に投稿できます。この章では、YouTubeの視聴と投稿について
簡単に説明します。

YouTubeの動画を視聴する

テレビ番組の視聴と同様に、さまざまなジャンルの動画を楽しめる

YouTubeには、エンターテインメント、教育、ハウツー動画など、さまざまなジャンルの動画が揃っています。きっとお気に入りのチャンネルが見つかるでしょう。また、動画のコメント機能を通じて、配信者との交流も楽しむことができます。趣味だけでなく、ビジネスとしてもYouTubeを最大限に活用してください。

スマホでYouTubeを使う

1 「YouTube」アプリをインストールし、「YouTube」をタップ。

2 「マイページ」をタップし、「ログイン」をタップ。

📓 Note

YouTubeとは

YouTubeは無料で使える動画共有サービスです。だれでも視聴することができ、投稿もできます。気に入ったチャンネルを登録したり、おすすめの動画を人にすすめたりできる機能もあります。

🔍 Hint

パソコンでYouTubeを使うには

Googleのトップページ「https://www.google.co.jp」の右上にある⊞をクリックし、「YouTube」をクリックするか、「https://www.youtube.com」にアクセスします。

3 アカウントをタップ。

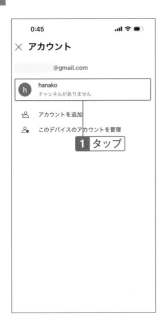

4 ログインした。「ホーム」をタップ。

5 ホーム画面が表示される。

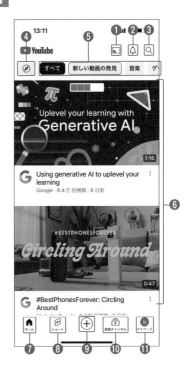

❶ テレビと接続する際にタップする
❷ 登録チャンネルに新着動画があると通知される
❸ 動画を検索する
❹ メニューを表示する
❺ カテゴリーを選択する
❻ ここに動画が表示される
❼ ホーム画面を表示する
❽ ショート動画を表示する
❾ 動画を投稿する
❿ 登録しているチャンネルの動画が表示される
⓫ 視聴履歴や作成した動画の管理ができる

14-02

動画を視聴する

スマホがあればどこにいても動画を視聴できる

YouTubeには、エンターテイメント、ニュース、スポーツ、ゲーム、ペット、音楽など、さまざまな動画があります。まずは興味があるキーワードを入力して検索してみましょう。見たい動画が見つかるはずです。

横型動画を再生する

1 🔍をタップ。

2 検索ボックスにキーワードを入力し、「検索」（Androidの場合は🔍）をタップ。

3 検索結果が表示されるのでタップ。

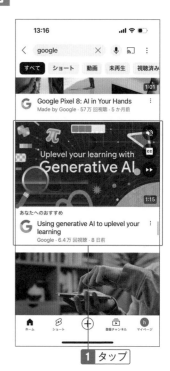

> ⚠ Check
>
> ### 横型動画とショート動画
>
> YouTubeの動画には横長の動画と縦長のショート動画があります。

4 動画上をタップするとボタンが表示される。停止するときは中央をタップ。

5 動画の右下にある◻️をタップ。

1 タップ

💡 **Hint**

動画に評価を付けるには

手順5の動画の下にある👍または👎をタップして評価を付けることができます。

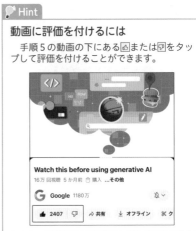

⚠️ **Check**

全画面で視聴する方法

動画の部分を上方向へスワイプしても全画面で視聴できます。また、スマホの設定によっては、スマホを横にすると自動的に全画面になります。

💡 **Hint**

再生中に少し先へ進むには

動画上の右側をダブルタップすると10秒先を再生できます。反対に左側をダブルタップすると10秒前を再生します。

6 画面いっぱいに表示され、スマホを横にして視聴できる。

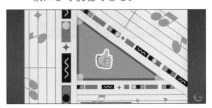

7 動画の上をタップし、をタップすると元に戻る。

> **Hint**
>
> **パソコン版YouTube動画を視聴するには**
>
> パソコンのYouTubeの場合も、検索ボックスにキーワードを入力し、【Enter】キーを押すと動画を検索して視聴できます。

8 動画の上をタップし、左上の「∨」をタップ。

9 画面下部に小さく表示され、音声を聞ける。「||」をタップすると停止する。

10 「×」をタップして閉じる。

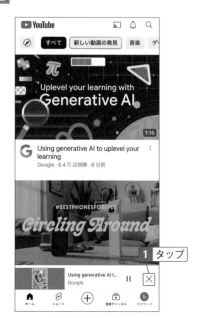

ショート動画を見る

1 画面下部の「ショート」をタップすると縦型動画が表示される。画面を上へスワイプ。

2 スワイプ
1 タップ

2 次の動画が表示される。「ホーム」をタップして終了する。

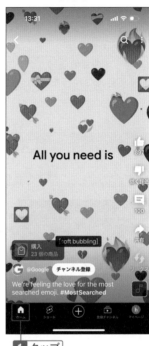

1 タップ

14 YouTubeで動画を閲覧・投稿しよう

⚠ Check

ショート動画とは

最大60秒の短尺動画で、スマホの画面いっぱいに表示されます。パソコンでも視聴できますが、スマホと同様に縦型の表示になります。

パソコンでもショート動画を▶
視聴できる

275

14-03

2倍速で動画を見る

短時間で全体像を把握したいときや特定の場面だけを見たいときに

「急いで動画の内容を把握したいとき」や「仕事が忙しくて時間がない」といったときに、2倍速で再生してみましょう。2倍速にすれば、半分の時間で見ることができます。反対に、速すぎて見えなかった場面をじっくり見たいときには、ゆっくり再生することもできます。

再生速度を上げる

1 動画上をタップし、⚙をタップして「再生速度」をタップ。

2 「2倍速」をタップ。

> ⚠ Check
>
> **再生速度**
>
> 再生速度は、「1.25倍速」「1.5倍速」「2倍速」を選択すると標準速度より速く再生され、「0.25倍速」「0.5倍速」「0.75倍速」を選択するとゆっくり再生されます。

14-04

今見ている動画を中断する

チャンネル登録するほど重要ではない場合に

通勤時に途中までしか見られなかったり、後でじっくり見たいといった場合に、リストにストックしておくことができます。気に入った動画をいつでも視聴できるので便利です。自分のスケジュールに合わせて視聴したい人におすすめです。

後で見られるようにする

1 動画の下にある「保存」をタップ。「保存」が見えないときは横にスワイプ。

2 ホーム画面を表示し、「マイページ」をタップして、「再生リスト」にある「後で見る」をタップ。

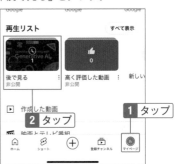

3 追加した動画があるので、タップして再生できる。

💡 Hint

パソコン版YouTubeで動画を後で見るには

　パソコンのYouTubeの場合は、⋯をクリックして「保存」をクリックして、「後で見る」をクリックします。

14-05

過去に見た動画を見る

どう検索したか覚えていない動画を再度見たいときに

スマホの画面は小さいので、以前見た動画を検索で探す際、目的にたどり着かないこともあります。そのようなときは、履歴から過去の視聴動画をさかのぼった方が簡単です。視聴履歴を消すこともできます。

履歴を表示する

1 「マイページ」をタップし、「履歴」の「すべて表示」をタップ。

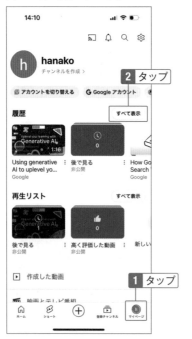

2 過去に見た動画一覧が表示される。

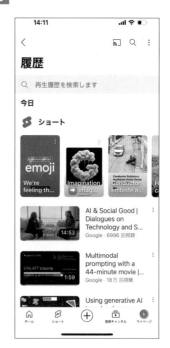

🔔 Hint

履歴を削除するには

　履歴を削除したい場合は、手順2の画面右上にある⋮をタップし、「すべての再生履歴を削除」をタップします。一つの動画を削除する場合は、動画の右にある⋮をタップし、「再生履歴から削除」をタップします。

特定の投稿者の動画を登録する

チャンネルを登録すれば、新着の通知を受け取れる

よく見ている動画や気に入った動画があれば、チャンネルを登録しましょう。毎回検索する必要がなくなりますし、新たに動画が投稿されたらすぐに見られるので便利です。登録をやめたいときや間違えて登録したときは簡単に解除できます。

チャンネルを登録する

1 登録する動画を開き、「チャンネル登録」をタップ。

2 「登録済み」になる。解除する場合は「登録済み」をタップして「登録解除」を選択。「登録チャンネル」をタップすると、登録した投稿者の動画一覧が表示される。

🔆 Hint

**パソコン版YouTubeで
チャンネル登録するには**

パソコンのYouTubeの場合は、動画の下にある「チャンネル登録」をクリックすると登録できます。視聴するときは、左側のメニューにある「登録チャンネル」をクリックします。

⚠ Check

通知がオフになっている場合

スマホの設定で、YouTubeの通知がオフになっている場合は、スマホの「設定」アプリでYouTubeの通知をオンにしてください。

14-07

関連動画をひとまとめにする

ホームページの「お気に入り」のように使う

複数の動画をまとめて「再生リスト」として登録できます。仕事で公開している動画をまとめたり、趣味やペットなどの特定のテーマを集めておくのにも便利です。作成した再生リストは他の視聴者に公開することもできます。

再生リストに追加する

1 動画の下にある「保存」を長押しし、「新しいプレイリスト」をタップ。

2 再生リストの名前を入力。公開したくない場合は「非公開」を選択し、☑（Androidの場合は「作成」）をタップ。

📋 Note

再生リストとは

　再生リストとは、動画を集めて登録するリストのことです。気に入った動画を続けて見たいときや、複数の動画をまとめて誰かに紹介したいときに役立ちます。

⚠ Check

登録した動画を人に見られたくない

　再生リストは、公開にすると、登録している動画が他の人に知られてしまいます。知られたくない場合は、必ず「非公開」にしましょう。

再生リストに追加した動画を見る

1 ホーム画面に戻り、「マイページ」を
タップすると再生リストが表示され
る。見たい動画をタップ。

2 再生される。✏をタップすると、再
生リストの説明や公開・非公開の変
更ができる。

⚠ Check

作成した再生リストに動画を追加するには

動画の下にある作成した再生リストに動画
を追加する場合は「保存」を長押しすると、作
成したリストが一覧表示されているので、
タップして追加できます。

💡 Hint

パソコン版YouTubeで再生リストを作成するには

パソコンのYouTubeの場合は、動画の下に
ある⋯をクリックして「保存」をクリックし、
「新しい再生リストを作成」クリックします。

14 YouTubeで動画を閲覧・投稿しよう

281

14-08

YouTubeに動画を投稿する

SNSでの情報発信とも相性がいい

スマホで動画を撮る人も多いと思いますが、その動画をそのままYouTubeに投稿できます。不要な部分の切り取りや曲入れなどもYouTubeアプリ上でできるので、短時間で楽しい動画を投稿することが可能です。

ショート動画をアップロードする

1 ホーム画面で「＋」をタップ。アクセス許可の画面が表示されたら許可する。

> ⚠ Check
>
> **動画の投稿方法**
>
> ここではショート動画を投稿しますが、横型動画を投稿する場合は、手順2で「動画」をタップしてください。ただし、曲は入れられません。また、1分に満たない動画はショート動画になります。

2 「ショート」をタップし、右上で15秒か60秒かをタップで選択。「撮影ボタン（下部の○）を押す。

3 「停止」ボタンをタップするか、最後までで撮影する。

4 「サウンドを追加」をタップ。

6 「チェック」をタップ。

5 曲をタップして再生し、良かったら
→をタップ。

💡 Hint

パソコン版YouTubeで動画を投稿するには

パソコンのYouTubeで動画を投稿するには、右上の📷をクリックし、「動画をアップロード」をクリックして動画ファイルを選択します。その後、タイトルや公開範囲などを設定します。

7 下部の「Aa」をタップして文字を入れられる。ここでは「次へ」をタップ。

8 表紙として表示するサムネイルをタップ。

9 ドラッグで使用する場面を選択し、「完了」をタップ。

10 タイトルを入力し、「公開」を確認して「ショート動画をアップロード」をタップ。

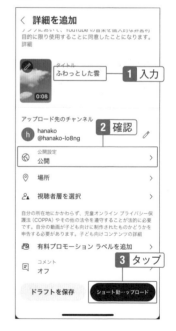

⚠ Check

アップロードした動画を見るには

「マイページ」をタップし、「アップロード動画」をタップすると、アップロードした動画が表示されます。

Google の設定を変えて
安全、快適に使おう

業務上の重要な情報が外部に流出した場合、甚大な影響を受ける可能性があります。ログイン方法を強化したり、定期的にパスワードを変更したりするなどしてセキュリティに気を付けてください。また、閲覧サイトや訪問先の履歴が残っていて困るときは削除することもできます。この章では、知っていると役立つ設定をピックアップして紹介します。

2段階認証でセキュリティを強化する

ID・パスワード・確認コードを使って認証する

Google ドライブやGoogleフォトなどは、ログインすれば誰でも使用できます。そこに仕事の大事な情報があって誰かに使われたら大変です。そこで、通常のログインを強化する方法があるので紹介します。

2段階認証プロセスを設定する

1 各アプリの画面右上にあるアイコンをタップし、「Googleアカウントを管理」をタップ。

2 横にスワイプして「セキュリティ」タブをタップ。

3 「2段階認証プロセス」をタップ。次の画面でログインする。

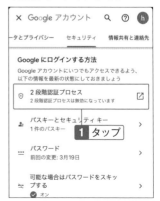

📋 Note

2段階認証とは

通常、GoogleにログインするときにはIDとパスワードでログインしますが、携帯電話番号や認証システムアプリなどによる認証を追加して、第三者がアクセスできないようにするのが2段階認証です。ここでは携帯電話番号を使用します。

4 「2段階認証プロセスを有効にする」をタップ。

5 国旗をタップして、「日本」を選択。

6 「＋81」の後に、携帯番号を先頭の「0」を入れずに入力し、「次へ」をタップ。

7 携帯のメッセージアプリに送られてきたコードを入力し、「確認」をタップ。次の画面で「完了」をタップすると設定される。

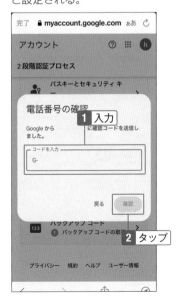

15-02

アカウントの名前やプロフィール画像を変える

ここで登録した名前が全てのGoogleサービスに表示される

ここでは、アカウントの姓名とプロフィール画像の変更について説明します。プロフィール画像は、Gmailのメールの先頭に表示されるので、仕事で使う場合は相応の画像を設定しましょう。

個人情報の設定画面で変更する

1 各アプリの画面右上にあるアイコンをタップし、「Googleアカウントを管理」をタップ。

2 「個人情報」タブをタップし、「名前」をタップ。

3 「名前」をタップして修正し「保存」をタップ。

⚠️ **Check**

名前の変更

　ここで名前を変更すると、Googleのアプリすべてに反映されます。たとえばGoogleカレンダーの画面から設定した場合、Gmailにも反映されます。

4 「プロフィール写真」のアイコンを
タップ。

5 プロフィール画像をタップ。

6 ここでは写真を使うので、「デバイス
内の写真」タブをタップし、「写真ラ
イブラリ」をタップして写真を選択
する。

7 四隅をドラッグして必要な部分のみ
にして、「次へ」をタップ。

8 「プロフィール写真として保存」を
タップ。

15-03

行動履歴を停止する

履歴はその都度削除するよりも停止した方が確実

履歴を使うと、過去に検索したホームページを調べたり、過去に行った場所がわかったりするので便利なのですが、残しておきたくないときもあります。そのようなときは履歴を一時停止しましょう。

ウェブとアプリのアクティビティをオフにする

1 各アプリの右上にあるアイコンをタップし、「Googeアカウントを管理」をタップ。

2 「データとプライバシー」タブの「ウェブとアプリのアクティビティ」をタップ。

📄 Note

ウェブとアプリのアクティビティとは

ウェブとアプリのアクティビティは、Googleのサービスで使われた検索履歴や位置情報です。残したくない場合は停止することができます。

3 「オフにする」をタップし、「オフにしてアクティビティを削除」をタップ。

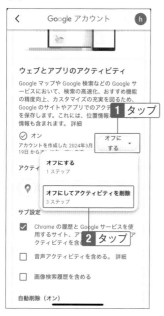

4 ウェブとアプリの履歴が停止された。

タイムラインをオフにする

1 「タイムライン」をタップ。

📝 Note

タイムライン

　タイムラインは、訪れた場所や経路の履歴に基づいて、以前利用した経路とルート、訪問場所を振り返ることができる個人用の地図です（SECTION04-15参照）。訪問場所の記録を残したくないときに停止してください。

2 「オフにする」をタップし、「オフにする」をタップ。同様にYouTubeの履歴も停止できる。

行動履歴を自動的に削除する

紛失の危険性もあるスマホだけに、個人情報には慎重になろう

前のSECTIONのように、履歴を一時停止することができますが、Webサイトの閲覧や訪問場所など、過去の履歴を削除したい人もいるでしょう。そのようなときは、期間を指定して履歴を削除することができます。

すべてのアクティビティを削除する

1 SECTION15-03の手順3の画面で下にスワイプし、「すべてのウェブとアプリのアクティビティを管理する」をタップ。

3 日付を選択。ここではすべてを削除するので「全期間」を選択する。次の画面で「次へ」をタップし、「削除」をタップ。

2 スワイプして、「日付とサービスでフィルタ」(Androidは「日付でフィルタ」)の「削除」をタップ。

⚠ Check

ウェブとアプリのアクティビティの削除

「1時間以内」「過去1日間」」など、いつからの履歴を削除するかを選択することが可能です。具体的な日にちを指定したい場合は「指定の期間」を選択し、以後と以前に日付を指定します。

他のアプリとの接続を解除する

さまざまなネットサービスを利用している人は確認しよう

ネットサービスを利用する際に、Googleアカウントを使って登録手続きしている人も多いでしょう。もしかすると、覚えのないサービスとGoogleアカウントを接続させているかもしれません。どのサービスと接続しているかを確認し、不要であれば解除しましょう。

使わないサービスを切断する

1 Googleアカウントの管理画面の「セキュリティ」タブ（SECTION15-01の手順3の画面）で、スワイプして「サードパーティ製のアプリとサービスへの接続」の「すべての接続を表示」をタップ。

2 削除するアプリをタップ。

3 「○○との接続をすべて削除しますか？」をタップし、「確認」をタップ。

> **⚠ Check**
>
> ### 再接続するには
>
> アプリの連携を解除し、再び接続して使う場合は、アプリのログイン画面でGoogleアカウントと結び付けることになります。

15-06

パスワードを変更する

8文字以上で英数字が混在するものが望ましい

アカウントのパスワードを盗まれると、Google ドライブのファイルやGmail のメールを見られてしまうので、定期的に変更しましょう。なお、推測されやすいパスワードにしないようにしてください。SECTION15-01 の2段階認証も設定し、セキュリティを強化して使用しましょう。

新しいパスワードを設定する

1 SECTION15-01の手順3で「パスワード」をタップ。ログイン画面が表示された場合はログインする。

2 新しいパスワードを2か所に入力し、「パスワードを変更」をタップ。

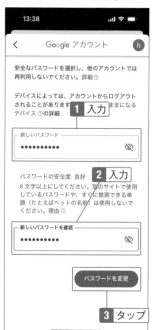

用語索引

ら行

目的別索引

さ行

た行

や行

ら行

※本書は2024年6月現在の情報に基づいて執筆されたものです。
本書で紹介しているサービスの内容は、告知無く変更になる場合があります。あらかじめご了承ください。

■著者

桑名由美（くわな　ゆみ）
著書に『Google Workspace完全マニュアル』
『YouTube完全マニュアル』『PDF完全マニュアル』
など多数。合同会社ワイズベスト代表

■カバーデザイン

高橋 康明

Googleサービス完全マニュアル
スマホ対応版 iPhone & Android

発行日　2024年　7月28日　　　　第1版第1刷

著　者　桑名　由美

発行者　斉藤　和邦
発行所　株式会社　秀和システム
　　　　〒135-0016
　　　　東京都江東区東陽2-4-2　新宮ビル2F
　　　　Tel 03-6264-3105（販売）Fax 03-6264-3094
印刷所　株式会社 シナノ　　　　Printed in Japan

ISBN978-4-7980-7255-5 C3055